日経テクノロジー展望 2023　世界を変える 100 の技術

前沿观察
——改变世界的 100 项技术

［日］日经 BP　编

许晔 等　译

科学技术文献出版社
SCIENTIFIC AND TECHNICAL DOCUMENTATION PRESS
·北京·

图书在版编目（CIP）数据

前沿观察：改变世界的100项技术 / 日本日经BP编；许晔等译. -- 北京：科学技术文献出版社, 2024. 7. -- ISBN 978-7-5235-1513-6

I. N49

中国国家版本馆 CIP 数据核字第 2024XA7763 号

著作权合同登记号　图字：01-2023-5990

NIKKEI TECHNOLOGY TEMBO 2023 SEKAI WO KAERU 100 NO GIJUTSU
written by Nikkei Business Publications, Inc.
Copyright © 2022 by Nikkei Business Publications, Inc.
All rights reserved.
Originally published in Japan by Nikkei Business Publications, Inc.

前沿观察——改变世界的100项技术

策划编辑: 丁芳宇　胡　群　责任编辑: 李晓晨　公　雪　责任校对: 张永霞　责任出版: 张志平

出　版　者	科学技术文献出版社	
地　　　址	北京市复兴路15号　邮编　100038	
出　版　部	(010) 58882952，58882087（传真）	
发　行　部	(010) 58882868，58882870（传真）	
官 方 网 址	www.stdp.com.cn	
发　行　者	科学技术文献出版社发行　全国各地新华书店经销	
印　刷　者	北京时尚印佳彩色印刷有限公司	
版　　　次	2024 年 7 月第 1 版　2024 年 7 月第 1 次印刷	
开　　　本	710×1000　1/16	
字　　　数	217千	
印　　　张	16	
书　　　号	ISBN 978-7-5235-1513-6	
定　　　价	89.00元	

《前沿观察——改变世界的 100 项技术》
译者名单

许　晔　谢　飞　尹志欣　朱　姝　王　超
王　灿　韩秋明　李梦妮　樊　颖

序　技术融合改变世界

当前，科学技术飞速发展，Web 3.0、元宇宙等新兴技术名词层出不穷。当读者还未理解 GX（绿色转型）一词的准确含义时，日本政府就已率先任命绿色转型担当大臣专门负责低碳推进工作。

人们通常很难跟上这些不断变化的新技术，有时刚刚理解的科技新词很快就过时了。

但无须焦虑，因为这些令人眼花缭乱的新技术大多出自不同技术间的融合。很多新兴技术都是由汽车、建筑、医疗等实体技术与网络、计算机等虚拟世界的支撑技术相结合而产生的，可以说未来世界也是构建在此基础之上的。

虽然"Virtual"一词通常被译为"虚拟"，但其含义实为"与本体相同"。基于数字孪生技术的产品、城市、"人"都与现实本体无限接近。

东芝公司社长岛田太郎曾就"数字化需要实体支撑"这一主题做过演讲。他指出，正是因为升降机和 POS 系统等实体技术提供的数据和应用环境，数据分析和 AI 等数字技术才得以开发和应用。

2006 年，人们首次提出信息物理系统（CPS）概念，而现在，这个由网络与现实融合而成的系统已经随处可见。元宇宙的出现，将现实中人类的一举一动都能映射到虚拟空间中。虽然 Web 3.0 看上去是完全属于虚拟空间的概念，但实质上它也是将人与人，或者艺术与金融相结合的产物，因此也可以被看作是一种技术的融合。

即便你不懂某项技术领域，但只要留意这项技术是哪些技术间的融合，就很容易发现该技术的定位和预期的效果。而业内人士如果进一步思考该技术与其他技术融合的可能性，或许还会带来新的技术突破。

为了密切追踪技术融合动向，日经 BP 对电子机器、汽车、机器人、互联网技术、新媒体、建筑、土木工程、医疗、健康、生物技术等专业领域进行跟踪报道。各媒体的主编、日经 BP 的智囊团——综合研究所所长们从"面向 2030 年改变世界的技术"中遴选出 100 项技术，并由专业记者和研究人员以通俗易懂的图文形式对这些技术和技术间的精妙融合进行详细阐述，最终为读者呈现出《前沿观察——改变世界的 100 项技术》。希望本书能成为业界人手一本的技术图鉴与指导书籍。

在跟踪报道的过程中，为进一步了解这 100 项技术中哪些前景最为可期，日经 BP 对 1000 名商务人士进行了问卷调查，并将结果以"技术期待值排行榜"的方式呈现出来。我们期望今后各位读者也能列出属于自己的技术榜单。未来已来，技术融合远远超乎我们的想象。

日经 BP 常务董事技术媒体部总负责人
望月洋介

目 录

第一章　热门趋势之一　Web 3.0 与元宇宙······················ 1

Web 3.0——区块链让新一代互联网成为现实···················· 2

DeFi（去中心化金融）——Web 3.0 时代全新的分散式
金融服务·· 7

DAO（去中心化自治组织）——Web 3.0 时代全新的去中心化
自治组织形态··· 9

元宇宙——融合现实影像的网上虚拟空间 ····················· 12

体积捕捉视频——用三维影像再现真实的人物与动作 ··········· 13

虚拟制片——轻松合成真实的拍摄对象与虚拟背景 ············· 17

悬浮式空中触控屏——悬浮显示影像　非接触式输入 ··········· 19

五感传感器——检测人类五感 ······························· 22

触觉反馈技术——通过振动等方式再现触感 ··················· 23

第二章　热门趋势之二　软体机器人与绿色转型（GX）········ 27

软体机器人——轻盈且安全　柔中显力量 ····················· 28

生物混合机器人——心肌细胞、听觉等生命系统与机电
系统的融合·· 31

仿生鸟飞行器——性能优越，可模仿鸟类飞行或着陆 ··········· 32

第六根指头的躯体化——用手臂肌肉驱动小指外侧的人工指 ···· 34

代替视觉的新感觉装置——通过骨传导震动传达与前方
　　物体的距离信息 ………………………………………… 38

碳循环系统——用绿氢和二氧化碳合成甲烷 …………… 40

零碳城市——地方政府与城市的实际碳排放量降为零 ……… 45

DAC（直接空气捕集）技术——直接捕集大气中二氧化碳，
　　全球竞相建设"空中吸碳"工厂 ……………………… 47

绿氢——用可再生能源发电，通过电解水制取氢气 ……… 48

人工光合作用——用二氧化碳和水制氢、烃，生产效率
　　不断提高 ……………………………………………… 51

绿色混凝土——吸收、固定二氧化碳，助力碳中和 ……… 54

人造肉——用动物细胞培养肉，挑战三维打印培养肉组织 … 56

第三章　2030 年最值得期待的技术 ……………………… 65

第四章　汽车与火箭 ………………………………………… 73

完全自动驾驶——无须驾驶员，由自动驾驶系统指挥车辆
　　运行 …………………………………………………… 74

无人驾驶 MaaS——无人驾驶的出行服务 ………………… 77

车载 AI 半导体——用于驾驶辅助系统等领域 …………… 79

在电动汽车上安装变速箱——在高效区域驱动电机，
　　延长续航距离 ………………………………………… 81

1.5 GPa 级冷冲压材料——通过低成本的冷冲压方法将
　　超高强钢用于车身骨架部件 ………………………… 83

小型电机总成——身形紧凑的小型电机以超高速旋转 ……… 85

行人安全气囊——使行人在车祸时免受头部冲击的"车外"
　　安全气囊 ……………………………………………… 87

驾驶员大脑功能下降预测装置——预测驾驶员异常情况，
　　减少交通事故 ………………………………………… 90

充电公路——利用道路与路灯为行驶中的车辆供电 …………… 92

AI 驾校——利用 AI 技术评价人的驾驶技能 ………………… 95

空中汽车——可以像汽车一样方便驾驶的电动飞机 ………… 97

太空运输——通过小型火箭向太空运送物资 ………………… 101

太空垃圾清除技术——小型卫星用磁力捕获火箭残骸等

    太空垃圾 …………………………………………………… 102

低轨道卫星系统——建立非地面系统的卫星通信网络 …… 104

天地往返航天器——实现近地轨道上"自动驾驶"旅行 …… 105

第五章　建筑与土木工程 ………………………………… 109

数字孪生防灾——运用 3D 技术重现城市与设施　预测灾害

    发生 ………………………………………………………… 110

城市智能中枢系统——支撑智慧城市的数字基础 ………… 112

IoT 住宅——自动掌握居住成员的健康状况及能源利用情况 … 114

虚拟设计——利用 AI 与 IoT 技术设计虚拟空间，改善办公

    环境 ………………………………………………………… 116

大型面板结构法——用整合了保温层、窗框的大型一体化

    面板建造住宅 …………………………………………… 119

装配式木制住宅——在工厂制造木制住宅结构，提供低价

    标准化平房住宅 ………………………………………… 122

建筑翻新——修补结构再次利用，减少二氧化碳排放 …… 125

环境 DNA 分析——长期监测珍稀物种生存状况，切实采取

    保护措施 ………………………………………………… 128

重型机械自动化——无人重型机械建造大型建筑物 ……… 129

远程操作式人形重型机械——在工程车内远程操控有两条

    "手臂"的人形重型机械 ……………………………… 134

3D 打印建筑——用 3D 打印机建造仓库和厕所 ………… 136

第六章　检查与诊断技术 ……………………………………… 141

　法医学领域物联网气味传感器——通过分析气味来验证死因、

　　判断是否存在虐待行为 ……………………………… 142

　排尿预测传感器——下腹部安装传感器，监测膀胱内尿液量 … 144

　耳机型脑电波测量仪——刺激听觉，兼具辅助麻醉的效果 … 146

　血糖测量智能手表——无须针刺也可测量血糖 …………… 147

　糖尿病监控仪——远程计算胰岛素注射量 ………………… 148

　皮脂 RNA 疾病诊断——拭取皮肤油脂便可早期诊断

　　帕金森病 ……………………………………………… 150

　认知障碍辅助诊断软件——分析脑部图像，早期诊断

　　认知障碍 ……………………………………………… 151

　心脏触诊椅——使用声学传感器诊断内脏、心率及血管的

　　状态 …………………………………………………… 153

　光子计数 CT——实现高精密、低辐射的扫描 …………… 155

　AR 健身——用 AR 技术辅助健身 ………………………… 158

第七章　治疗技术 ……………………………………………… 161

　光免疫疗法药物——用感光物质破坏癌细胞 ……………… 162

　中分子药物研发——用口服药物瞄准细胞中的目标 ……… 164

　线粒体功能改善药——治疗线粒体功能异常引发的多种疾病 … 165

　嵌合抗原受体 T 细胞免疫疗法——直接注入基因，

　　破坏癌细胞 …………………………………………… 168

　核酸靶向药物——作用于转化为蛋白质之前的核酸，

　　适用于各种疾病的治疗 ……………………………… 169

　数字疗法（DTx）——利用手机应用程序等信息技术进行

　　疾病的预防、诊断和治疗 …………………………… 171

　MR 医疗——使用混合现实（MR）技术，3D 远程确认患者

　　情况 …………………………………………………… 173

医院 CRM——根据患者情况智能办理出入院 ………………… 174

医疗机器人——辅助手术、治疗、配药及复健 ………………… 176

护理机器人——配备 AI 技术的人形机器人开始投入使用 …… 177

肠道换气法——把液体注入肛门，从肠道向全身输送氧气 …… 178

第八章　工作方式与商务场景 ………………………………… 183

材料信息学——利用 AI 技术助力材料开发 …………………… 184

使用影像远程检查——远程连接作业现场与检查员 ………… 186

虚拟办公室——在虚拟空间举行会议，全身虚拟化身出席
　　现实会议 ……………………………………………………… 188

人才分析——利用 AI 录用和配置人才 ……………………… 189

人类数字孪生——用 IT 技术复制人类，预测人类消费行为 … 190

线上教育——随时随地接受教育和开展研修 ………………… 191

烹饪机器人——针对人手不足而开发出来的自动化烹饪
　　机器人 ………………………………………………………… 192

无人机配送——无须员工即可配送商品 ……………………… 194

陶瓷 3D 打印——新型陶瓷材料，塑造精致的三维结构 …… 195

嵌入式金融——非金融公司在企业服务中嵌入金融功能 …… 197

无现金支付——无须现金即可支付 …………………………… 200

低代码开发——帮助企业自行研发信息系统 ………………… 201

面向虚拟主播的动作捕捉设备——高度还原手指动作 ……… 203

第九章　IT 技术 ……………………………………………… 207

量子计算机——同时处理大量运算，应用研究不断发展 …… 208

量子纠错——抑制或纠正量子比特的错误 ………………… 211

抗量子密码——量子计算机也无法破解的密码 …………… 214

自适应批量搜索——快速解决各种组合优化问题 ………… 215

可观测性——让复杂的系统变得容易观测 ………………… 217

IaC（基础架构即代码）——通过编程管理系统基础设施 ……… 218

CSPM（云安全态势管理）——自动确认云端设置规则

　防止因人为失误而泄露信息 …………………………………… 219

SOAR（安全编排自动化与响应）——自动检测并应对网络

　安全事件 ………………………………………………………… 221

GP-SE（全球平台安全元件）——智能手机可作为身份证明 … 223

物联网时代的认证密码——在小型终端上运行，以低运算量

　保证密码强度 …………………………………………………… 224

AI 生成推文——用 GPT-3 生成行文自然的假推文 ……………… 226

DNN 切分——用机器学习高精度识别分布外数据 …………… 228

显著图——确认图像重点区域，提高处理效率 ……………… 229

文件阅读 AI 解决方案——通过与 AI 对话获取正确答案 ……… 231

第十章　能源与电子工程学 ……………………………………… 233

新一代核反应堆——减少二氧化碳重新评估高速反应堆和

　微型反应堆 ……………………………………………………… 234

钠离子电池——取之不尽的资源，致力于提高能量密度 ……… 235

新一代功率半导体——能够减少功率损失的新一代元件 ……… 237

自旋半导体——利用自旋技术的新一代存储器"MRAM"

　备受瞩目 ………………………………………………………… 238

钙钛矿太阳能电池——低成本制造，可弯曲 …………………… 240

第一章

热门趋势之一　Web 3.0 与元宇宙

Web 3.0
——区块链让新一代互联网成为现实

技术成熟度　高　2030 年期待值　26.8

Web 3.0 反映了网络使用形态的演变。Web 3.0 时代，用户不仅可以自己掌控信息，还将制造和传播信息。因此，Web 3.0 常与信息（或数据）的民主化、去中心化、非中央集权等一同出现。

区块链技术实现是 Web 3.0 的核心前提。回顾互联网的发展历史，其发展过程时常偏离预想轨道。若想探寻当下炙手可热的 Web 3.0 的真实面目，就要对与它相关的技术背景和发展历程做一下梳理（图 1–1）。

HTML：超文本标记语言

Web 2.0 是由用户参与信息制作的互联网产品模式。受此影响，用户还要求拥有信息所有权。

图 1-1　互联网的演变

（来源：日经 NETWORK 制作）

在早期 Web 中，用户和信息发布者之间往往并无关联。信息发布者一般通过静态 HTML 发布信息，用户则通过浏览器阅读信息。此时的信息传递基本是单向的。

渐渐地，用户开始在网络上发布信息。例如，用户可以在基于 JavaScript 的动态 HTML 上实时编辑照片或制作效果图。由此，也出现了 Web 2.0、"用户生成内容（UGC）"等反映当时网络特征的一些词汇。

随之而来的是用户想要获得信息的"所有权"。此前，如果用户在社交网站上的账户被管理员冻结，用户就无法对之前上传的信息进行编辑和删除。于是用户想自己掌握信息的控制权，这就是互联网的"民主化"。

区块链技术可以帮助用户获得信息控制权。该技术不仅可以加密信息使用记录，还能将存储的数据信息像链条一样连接起来。区块链不仅仅指这一技术本身，使用区块链的系统，以及记录在区块链中的数据都统称为区块链。由于区块链是一个分布式的数据库，所以存储的数据很难被篡改，甚至一些专业的企业和团体也很难随意地操纵数据（图1-2）。

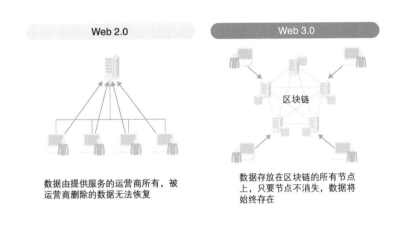

通过在区块链中存入数据，防止数据过度集中。

图1-2 数据去中心化

（来源：日经 NETWORK 制作）

虽然数据的民主化、去中心化、非中央集权等理念早已存在，但却未能真正实现。区块链技术的出现使得将这些理念变为现实成为可能，因此这一技术备受关注。

Web 3.0 一词最早由以太坊的联合创始人加文·伍德于 2014 年提出，目前业界对于 Web 3.0 尚无明确的定义和共识。Web 3.0 的支持者们将具有区块链特点的服务与应用系统统称为 Web 3.0，并将区块链视为 Web 3.0 的配套服务。

对此，推特（Twitter）的联合创始人兼前 CEO 杰克·多西虽然主导将推特的组织架构向非中央集权化转型，但他仍支持为比特币提供技术基础的区块链技术，并不认同建构在以太坊之上的 Web 3.0。

此外，Web 技术开发者蒂姆·伯纳斯·李在 2006 年使用了"Web 3.0"一词。此处的 Web 3.0 是指互联网数据可以跨越各个应用及系统，实现机器可读的通信框架，亦称语义网。当时的 Web 技术将网络数据用超链接的形式连接在一起。可以说以 HTTP 为基础的 Web 技术的发展（如语义网等）与现在的 Web 3.0 并没有直接关联。因为区块链依然属于基础技术，用户看到的界面仍然是基于已有的 Web 技术架构。所以，从用户视角来看，Web 3.0 是 Web 进入新时代的升级版。

距加文·伍德提出 Web 3.0 已过去多年，如今 Web 3.0 突然备受瞩目是缘于 NFT（Non-Fungible Token）的出现。NFT 是一种基于区块链技术，拥有固有价值且无法被替代的数字权益凭证。NFT 解决了电子数据所有权问题，这使它区别于以往可以被无限复制、随意使用的其他电子数据。

2021 年 3 月，数字艺术家 Beeple 的一副 NFT 数字拼贴画以 6930 万美元成交。同月，杰克·多西将 2006 年发出的第一条推特以 NFT 形式拍卖，成交价高达 291 万美元。这些新闻在网络上迅速传播，显示出 NFT 数字藏品的价值和影响力。

艺术家等内容创作者在交易时使用 NFT 形式可以免除中介费与手续费，即便作品已经售出，在之后的每一次交易中创作者仍能获得部分利润（交易额的一部分）。实现这一切的关键就在于智能合约。智能合约是按照事先承诺的协议，通过区块链进行交易的机制（图 1-3）。

以太坊是区块链中最常用的运行智能合约的平台，只需在组成区块链的各区块数据中添加相应程序，便可使其运作。

我们以 NFT 数字藏品转让为例来说明智能合约的运作方式。通常交易在一般的电商（EC）网站进行，卖家通过 EC 平台展示数字藏品，买家可以浏览和购买。当买家发现心仪的数字藏品时，将通过 EC 平台购入。买家下单后的购买信息将立即写入智能合约，并根据合约上的步骤办理转让手续，最后自动向 NFT 创作者发放报酬，交易完成。需要指出的是，只要使用智能合约，不论在哪个平台出售作品，交易始终以同样的流程进行（图 1-4）。

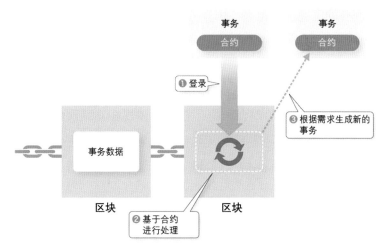

在区块链上的数据中写入程序，就能使其根据事先约定好的智能合约进行操作。

图1-3　智能合约的运作方式

（来源：日经 NETWORK 制作）

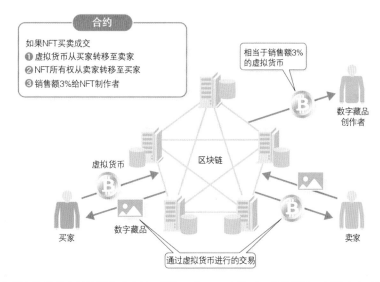

通过事先规定的智能合约进行自动交易。例如，在 NFT 交易时，销售额的一部分会自动转移至 NFT 的创作者。

图1-4　智能合约的使用案例

（来源：日经 NETWORK 制作）

虽然现有的电商网站也有给创作者返利的系统，但创作者只能通过该网站交易才能获得报酬。Web 3.0 确实出现了许多新趋势，但它能否真正普及开来，进而开创一个去中心化的世界还不得而知。

去中心化这一概念最早可以追溯到 1990 年 Web 诞生时期，当时，工程师们就深受去中心化的理念影响，并将其体现在互联网的运营和 Web 的表现形式上。去中心化是不把权限和资源集中在一个主体上的信息处理形式，分散式（Distributed）则指将多个资源连接起来进行信息处理的方式。

要实现去中心化，分散的系统是必要条件，但如果只是将系统分散化，并不能实现去中心化。即便为了实现去中心化采用了分布式系统，由于网络效应和资本逻辑，在商业结构上仍然是中央集权式的。

回顾互联网的发展史，20 世纪 90 年代初期的 Web 在内容流通领域给媒体带来沉重一击，即不依靠报社、出版社、电视台等中央集权式的组织也可以发布信息。可如果所有组织机构都各自发布信息，用户就会陷入信息的汪洋大海。美国谷歌公司在这种去中心化的网络世界中设立了"搜索"这一聚合平台，此后资本集中涌入搜索领域，在互联网上形成新的中央集权式组织。

始于 2000 年的 Web 2.0 又给编辑们带来了巨大的打击。随着博客和回帖等功能的日益完善，用户可以自行制作并发布内容。虽说如此，对尚未熟练掌握 IT 技术的普通人而言，购置服务器用来发布博客、引用通告[①]并非易事。在此情境下，帮助人们发布博客的博客托管服务便应运而生。后来，随着可以和朋友分享信息的社交网站兴起，显示社交关系的社交图谱成为新的聚合平台，资本随之集中在美国 Facebook（现 Meta）公司等社交媒体平台。

[①] 引用通告是博客的功能之一。引用通告是 Web 2.0 的产物，包括评论标题和评论链接，他人可以看到用户的引用，并点击查看文章。——译者注

由此可见，即使最初的目标是实现去中心化，但为了满足普通用户在使用过程中产生的需求，就会出现某个聚合平台，进而形成中央集权式的商业结构。因此，大力标榜去中心化的 Web 3.0 亦有可能重蹈覆辙。网站运营者们为了扩大用户群体，提高社会认可度，需要根据用户需求和社会规范对网站进行细致的调整，如"帮助用户找回密码""删除敏感内容"等。但在去中心化后，即在没有统一管理的机制下，能否实现上述操作？仍值得深思。

（浅川直辉　日经 ×TECH·日经计算机，

大川原拓磨　日经 ×TECH·日经 NETWORK）

DeFi（去中心化金融）
——Web 3.0 时代全新的分散式金融服务

技术成熟度　高　2030 年期待值　9.3

DeFi，即"去中心化金融（Decentralized Finance）"，亦称"开放式金融"，是指不依托金融机构，利用区块链技术自主运行的金融服务。其特点是去中心化，即无须特定的金融机构或交易场所。

去中心化应用程序（Decentralized Applications，Dapps）通常指具有智能合约功能并在区块链网络上运行的应用程序。"去中心"即没有特定的管理者。用户通过电脑或智能手机上的 Web 浏览器或应用程序，连接到区块链的节点。由于区块链所有节点上的数据都是一致的，所以不论连接哪个节点，Dapps 均可进行相同的操作（图 1-5）。

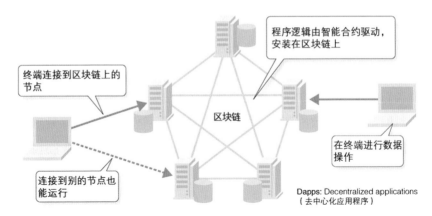

程序逻辑由智能合约驱动，安装在区块链上

终端连接到区块链上的节点

区块链

连接到别的节点也能运行

在终端进行数据操作

Dapps: Decentralized applications
（去中心化应用程序）

Dapps 指由智能合约驱动、在区块链网络上运行的应用程序。

图 1-5　在区块链上运行的 Dapps

（来源：日经 NETWORK 制作）

　　Dapps 较多地应用在游戏和金融领域。在游戏领域，玩法多样，如闯关游戏成功后赚取虚拟货币，或者利用已有的 NFT 创造新的 NFT。以"STEPN"游戏为例，其在 APP 上架 NFT 运动鞋。APP 通过获取智能手机的位置信息，根据玩家的运动量和速度为其发放虚拟货币，因此玩家在实际跑步或散步时就可以赚取虚拟货币。玩家可用手中的虚拟货币购买新运动鞋，或将获得的虚拟货币兑换为法定货币，或者直接出售 NFT，实现游戏赚钱两不误。

　　利用 Dapps 的金融活动称为"DeFi"，这是一种基于智能合约的金融体系，无须依托银行等中介机构和人工介入即可自主执行。由于节省了人力和中介成本，所以放款人可获得比普通金融机构更高的利息，借款人也能以较低的利息筹集资金。另外，也可基于智能合约发行虚拟货币。

　　DeFi 应用领域较多，其中最具代表性的是"去中心化交易所（Decentralized Exchange，DEX）"和"借贷"。DEX 是建立在 DeFi 基础上的加密资产交易平台，Uniswap 是其中较典型的交易平台企业。利用该平台，可根据程序自动计算出的兑换比率交换加密资产。在此过程中，需要使用 Compound 协议，这是一种去中心化的借贷协议，用户可以将手中的加密资产存入 Compound 平台获取利息，或作为抵押获得借贷机会，交易中涉及的利息、手续费、贷款限额等都由平台自动计算得出。

根据 DeFi Pulse 公司公布的相关交易数据，2021 年，存入 DeFi 的资产总额高达 1100 亿美元；2022 年 5 月，这一金额为 700 多亿美元。DeFi 的迅速扩张令现有的金融机构都无法视而不见，这也促使金融机构增强竞争意识，提高服务质量。

不过由于日本尚未出台关于 DeFi 的法律法规，所以 DeFi 目前还无法在日本开展相关服务。与此同时，DeFi 也引发了人们的担忧，一是 DeFi 无法进行身份确认和审查，不能保护用户权益；二是交易中的一切风险均由用户自行承担；三是 DeFi 的产品大多基于开源系统或协议而二次开发，热门项目易被模仿，市场上充斥着高度同质化的项目。为了解决这些问题，当务之急是要完善相关法律法规。

（大川原拓磨　日经 ×TECH・日经 NETWORK，

大森敏行　日经 ×TECH）

DAO（去中心化自治组织）
——Web 3.0 时代全新的去中心化自治组织形态

技术成熟度　中　2030 年期待值　10.6

DAO（Decentralized Autonomous Organization）被译为"去中心化自治组织"。"去中心化"意味着没有特定的管理者，因此 DAO 亦被称为自治分散型组织。DAO 是基于区块链核心思想衍生出来的一种新型组织形态，成员们立场各异，为了各自的利益松散地连接在一起，通过智能合约进行合作。

例如，在比特币交易中，用户与比特币矿工之间没有契约关系，双方为了各自的利益参与其中，形成了事实上的合作关系。DAO 通过智能合约制定规则，给予参与者奖励，实现自主运营，让参与者感受不到身处组织之中（图1-6）。

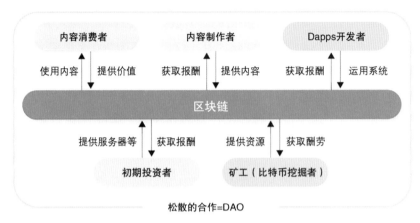

利用区块链创造不被束缚的"组织"。

图1-6　DAO 的运作模式

（来源：日经 NETWORK 制作）

　　为了能更好地适应智能合约，DAO 一般会发行行使参与权的代币（治理代币），组织内的成员也会购买此类代币。例如，组织内的成员需要购买治理代币获得投票权，最终决定项目的发展方向。这一机制对招募人员参与某个特定项目十分有效。日本的埃尔特斯（Eltes）公司是一家提供 DAO 搭建服务的企业，该公司经营战略部服务企划项目经理谷将宏说："DAO 具有公平性、透明性和开放性。DAO 的决策过程全部依靠智能合约进行，智能合约是所有成员可见的，所以决策过程不存在暗箱操作，DAO 的这一特点极具优越性。"

　　在 DAO 中，社区成员也可以获得独立代币。该服务的人气越高，想要独立代币的人越多，其价值也就越高。社区成员如果通过交易平台出售代币，就能得到金钱上的回报。因此，如果在项目早期，人气尚低时就加入可能会获得更多财富。

　　国光宏尚是移动游戏公司谷米（Gumi）的创始人，现经营一家 Web 3.0 企业——FiZANCiE 公司。他表示，DAO 适用于不需要大量资本，不以追求销售额和利润为目的的领域，如运动员团队、创作者后援团、非营利组织（NPO）等。而对于需要大量土地、工厂、人员及初期投入资金较多的产业来说，更适合采用股份制公司的形式。

随着产业结构从资本集约型转向知识集约型，今后适用DAO的产业领域会越来越多。

Ridgelinez咨询公司的负责人佐藤浩之是Web 3.0领域的专家，他指出："像英国Arm这样的半导体企业，只设计芯片，并不生产芯片。过去制造机器零件，只能在工厂的生产线上进行，但现在只要有数据，就可以利用3D打印等技术制造。"

佐藤浩之认为："DAO的普及可能会改变隶属于某个组织机构这一现有的工作方式。"DAO可以让成员摆脱地理条件的限制，而新冠疫情下逐渐普及的远程办公也为DAO的推广起到了助力作用。

如果希望DeFi等类似的Web 3.0区块链相关服务能够广泛应用，并为人们所接受，DAO这一组织形态不断增加，至少要满足以下两个条件：一是建立能够提高区块链外围参与者的透明度体系。区块链虽然确保了交易本身的公开透明，但无法保证区块链运营者和代币发行者信息披露的真实可信，因此难免会出现具有诈骗性质，或者安全性欠佳的项目。二是利用去中心化这一特性，提供符合普通用户需求的服务。去中心化这一构想对工程师和部分创业者极具吸引力，但未必能打动普通用户。相比之下，与游戏、动画等IP（知识产权）相关的粉丝社区的区块链服务则更能吸引普通用户，他们也愿意长期持有IP角色的NFT数字令牌。将来这些区块链会比IP持有者拥有更长久的生命力，成为粉丝们维护社群的平台。

（浅川直辉　日经×TECH·日经计算机，

大川原拓磨　日经×TECH·日经NETWORK，

大森敏行　日经×TECH）

元宇宙
——融合现实影像的网上虚拟空间

技术成熟度　中　　2030 年期待值　29.2

元宇宙是基于互联网的虚拟空间。发展元宇宙，与现实世界融合必不可少。因此，制作面向元宇宙三维空间的沉浸式高现场感媒体，即"沉浸式媒体（Immersive Media）"的影像技术备受关注。目前世界各国的摄影棚都在制作沉浸式影像，其中有许多面向普通用户的内容。另外，沉浸式媒体的国际标准也在陆续出台。

关于能否在网络上构建虚拟空间这一话题，此前曾多次引发热议。不过，当前元宇宙中有一些新的理念值得我们关注。首先，随着技术发展，虚拟世界与现实世界的界限逐渐淡化，一些具有现实价值的物体可以被带进虚拟空间。例如，可以将实际的街道构建为虚拟空间中的数字孪生街道，并通过智能手机进行访问。其次，新冠疫情使得线上会议广为普及，视频交流与合作办公成为常规操作。由此，普通人使用元宇宙的门槛骤然降低（图 1-7）。

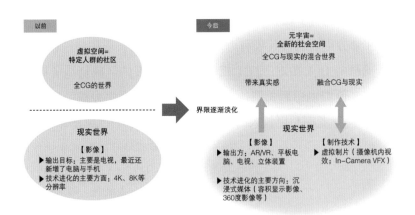

从以分辨率为中心的高画质向提供沉浸感、现场感的沉浸式媒体转变。

图 1-7　影像技术的中心转向"沉浸式媒体"

（来源：日经 ×TECH）

元宇宙普及的关键是如何将现实世界融入虚拟空间。因此，支撑沉浸式媒体的技术不断更新迭代。主要涉及体积捕捉视频技术，即将真实的人物、动作、位置等整个空间作为三维数据进行 CG（计算机图形）化，以及"虚拟制片"技术。

据了解，ISO/IEC（国际标准化组织 / 国际电工委员会）下属的多媒体信息处理技术标准化分会（Moving Picture Experts Group，MPEG）正在制定沉浸式视频的格式标准（MPEG-I），MPEG-I 中的"I"就取自"Immersive"（沉浸式）一词的首字母。

（内田泰　日经 ×TECH・日经电子）

体积捕捉视频
——用三维影像再现真实的人物与动作

技术成熟度　中　2030 年期待值　7.2

体积捕捉视频是将真实的人物及其动作、位置等整个空间以 3D 数据的形式 360° 再现的影像技术。虽然这一技术还在发展中，但作为将现实世界带入元宇宙的重要技术，人们对它抱以很高的期待，针对该领域的投资和研发也十分活跃。索尼集团（简称"索尼"）、佳能公司（简称"佳能"）、软银股份有限公司（简称"软银"）、NTT DoCoMo 等公司相继搭建了拍摄体积捕捉视频专用的摄影棚。

事实上，体积捕捉技术早已有之，索尼业务开发平台新业务推进部小松正茂部长称，随着计算能力的提高和 GPU 等软硬件的升级，如今的技术水平已经达到可用于视听的水准。所以，各家公司都在逐步涉足这一领域。

这些摄影棚在拍摄空间（捕捉空间）周围配置了数十台摄像机，无论在哪个角度，都可以通过摄像机将拍摄对象及其动作全部捕捉下来，形成动态图像，并在短时间内制作逼真的三维 CG（计算机图形）模型。

制作完成的 CG 支持观众从任何角度观看动态图像，它与自由视点影像服务不同，后者是用多个摄像机同时拍摄对象，只播放观众所选择的视角下拍摄的图像。小松正茂部长说："如果采用体积捕捉技术，衣服的飘逸感、脸上的皱纹等细节能即刻转为 3D 模型。普通的 CG 技术要再现这些细节需要付出巨大的时间成本和资金成本，困难重重。"因此，体积捕捉技术能帮助影像创作者创造出前所未有的作品。

索尼和佳能原本就是摄像机和 CMOS 传感器的制造商。它们分别在摄影棚配备了 80 台和 100 多台能以 60 fps（帧每秒）频率拍摄视频的 4K 摄像机，索尼采用美国 Teledyne FLIR（远程飞睿）公司制造的具有"全局快门"功能的摄像机，辅以索尼自产的 CMOS 传感器（图 1-8）。佳能采用的是在电影摄像机的基础上研发的搭载自产 CMOS 传感器的专用摄像机（图 1-9）。

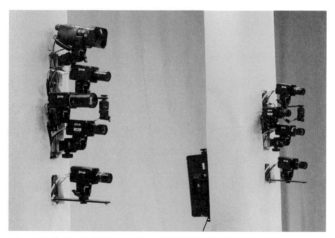

配备 80 台以上的 4K 摄像机，摄像机内配备全局快门功能的索尼 CMOS 传感器。

图 1-8　索尼的摄影棚

（摄影：日经 ×TECH）

配备 100 多台在电影摄像机基础上研发的专用 4K 摄像机。

图 1-9　佳能的摄影棚

（摄影：日经 ×TECH）

小松正茂部长表示，"出自索尼摄影棚的影像达到了照片级真实感渲染的效果"。索尼的摄影棚里有直径 5 m、高 3 m 的宽阔的体积捕捉空间，可容纳 4 ~ 5 人同时跳舞，还能将这些舞蹈的镜头生成三维 CG 影像。该摄影棚可以实时传送指定视角下拍摄的影像。摄影棚中铺设了 8 条光纤，最多可将 60 台摄像机拍摄的影像数据发送到美国亚马逊网络服务的云端进行渲染，从而实现直播。佳能的摄影棚中有长宽均为 8 m、高 3.5 m 世界最大的体积捕捉空间，最多可以同时拍摄 15 人，还可以捕捉羽毛球等运动过程中的动作。佳能 SV 业务推进中心的伊达厚所长说："我们最快可在 3 秒内生成三维 CG，可持续制作 1 ~ 2 小时的内容。"

与索尼和佳能相比，NTT DoCoMo 和软银的摄影棚更加注重成本控制，棚中的摄像机数量较少，捕捉空间也较为狭窄。

NTT DoCoMo 商务创意部 XR 推进科的岩村干生科长说："我们希望体积捕捉摄影技术能在贴近大众用户的领域广泛应用。"

NTT DoCoMo 公司的"docomo XR Studio"内设有"TetaVi Studio"摄影棚，其中配备红外线摄像机。该摄影棚的特点是可以通过红外线摄像机准确地测量摄影对象的距离，且棚内不需要绿幕。以前在绿幕前拍摄时，如果身穿白衣，图像会产生溢色问题；穿着绿衣则难免与背景融为一体，给后续的影像分离处理带来困难（图1-10）。此外，为了控制成本，NTT DoCoMo公司还将摄像机数量精减到16台，其中8台为2.5K，而非4K摄像机。由于"TetaVi Studio"摄影棚使用了以色列TetaVi公司的技术，通过红外线摄像机获取距离信息，无须像其他公司一样用普通摄像机计算距离信息，因此能够合理地减少摄像机数量。

用红外线照射器将图案照射到摄影对象上，再用红外线照相机读取图案以测量距离。由于能够准确把握摄影对象和背景的距离，因此不需要借助绿幕。

图1-10　NTT DoCoMo公司的"TetaVi Studio"摄影棚

（摄影：日经×TECH）

软银对自己的成本优势充满信心。该公司在摄影棚内使用30台4K摄像机（30 fps），还引进了在该领域硕果累累的美国8i公司的技术。软银的子公司Realize移动通信公司负责运营该摄影棚，该公司董事胜本淳之说："我们在保证画质的同时控制成本，减少了摄像机数量，提高了竞争力。"

（内田泰　日经×TECH·日经电子）

虚拟制片
——轻松合成真实的拍摄对象与虚拟背景

技术成熟度　高　2030 年期待值　4.5

虚拟制片是同时拍摄真实的拍摄对象和虚拟空间的背景，将拍摄对象和背景合为一体的影像制作手法。该技术可以缩短拍摄时间、削减成本，因此在广告、音乐视频、电视、电影等领域都被广泛使用。

虚拟制片中最常用的拍摄方法是在被称为"LED 墙"的大型 LED 显示屏上投放栩栩如生的 CG（计算机图形）影像，演员可借助现场道具与此背景互动并完成表演。

该技术的出现得益于大型 LED 显示屏高分辨率的精细化显示，以及被称为"游戏引擎"的游戏制作工具能够廉价、便捷地制作出效果逼真的 CG 影像。另外，新冠疫情导致实景拍摄困难重重，这也推动了虚拟制片技术的普及。

"虚拟制片让外景拍摄和绿幕拍摄成为过去式。"说出此番豪言壮语的是美国 View Technology 公司的共同创始人兼总经理约翰·达维拉（图 1–11），该公司主要运营虚拟制片专用的摄影棚。View Technology 公司于 2020 年在总部所在地佛罗里达州坦帕市打造了首个虚拟制片摄影棚，随后筹集了 1700 万美元，在拉斯维加斯、纳什维尔、奥兰多等地陆续搭建摄影棚。

拉斯维加斯的摄影棚占地面积约 3700 m^2，有 3 个巨型 LED 显示屏。其中最大的一块屏幕是右侧长而弯曲的"倒 J"字形显示屏，其高 6.1 m，横向全长 42.7 m。据达维拉介绍，这是为了方便演员在 LED 显示屏的背景下移动表演并进行拍摄，特意把 LED 显示屏制作成"倒 J"字形。

由于虚拟制片专用的摄影棚运营状况良好，该公司准备在 2022 年建设 2 个影棚，其中 1 个计划引进 LED 巨幕。

图1-11 装设在 View Technology 公司的拉斯维加斯摄影棚里的
"倒 J"字形 LED 显示屏

（摄影：日经 ×TECH）

在日本，索尼积极拓展虚拟制片业务。索尼旗下的索尼 – PCL 公司于
2022 年 2 月开设了"清澄白河 BASE"，可以通过虚拟制片技术进行影像
拍摄和后期制作（图 1–12）。

图1-12 索尼 –PCL 的"清澄白河 BASE"

（来源：索尼 – PCL）

索尼 – PCL 公司于 2020 年引入虚拟制片技术，2021 年 4 月租借东
宝电影公司的摄影棚，将其改建成大型的虚拟摄影棚，用来拍摄电影和
广告。

清澄白河 BASE 不仅为该公司及索尼拍摄制作影像，还对外出租影棚，提供辅助设计、背景制作、优化协调等服务。此外，索尼－PCL 公司还将搭建用于虚拟制作的背景素材流通平台。据悉，索尼－PCL 公司制作了多种多样的用于虚拟制作的背景素材，包括基于建模软件的全 CG、用 LiDAR（激光扫描仪）扫描的真实物体和建筑物的点群数据、用光刻技术将平面照片变为 3D 模型的 CG 等。索尼－PCL 公司希望通过平台交易，让这些背景素材得到更加广泛的应用。

预计虚拟制片技术的市场规模今后将急剧扩大。根据爱尔兰调查公司 Research and Marketing 统计，虚拟制片的市场规模在 2021 年达到了 24 亿美元。之后，将以年平均 17.6% 的速度增长，在 2026 年有望达到 54 亿美元。

（高野敦　日经硅谷分社，

根津祯　日经 ×TECH）

悬浮式空中触控屏
——悬浮显示影像　非接触式输入

技术成熟度　中　2030 年期待值　19.3

悬浮式空中触控屏是通过悬浮画面来显示影像的系统，可以代替触摸面板等输入装置。

受新冠疫情影响，悬浮式空中触控屏作为一种非接触式的输入系统受到广泛关注，多家公司都在加速研发。

2022 年 2 月，日本 7-Eleven 便利店在东京市内的 6 家店铺试运行基于空中悬浮技术的无现金自助 POS 系统——"数码 POS 机"。

从远处看，数码 POS 机像是一块橱柜的面板或玻璃台面，但是走上前去站在它的正面，就能看到悬浮在空中的收银台画面。数码 POS 机与普通的自助收银机一样方便，只需要扫描商品上的条形码，就可以进行结算。在选择结算方式的界面按下悬浮在空中画面的按钮后，会发出"哔"的响声，机器也会即时做出反应。

日本 7-Eleven 便利店集团的执行董事、系统部长西村出对在部分门店试行数码 POS 机一事介绍道："悬浮触控技术不仅充满科技感，还能满足新冠疫情时期的非接触需求。我们最初见到的样机比现在的大，图像也有些模糊，但在不断调试的过程中逐渐得到改良，我认为它经得起实际应用的考验（图 1-13）。"该公司计划在 2025 年之前在日本全域的 7-Eleven 便利店内引入自助收银机，其中就包括数码 POS 机。西村部长满怀期待地说："如何有效利用便利店内部空间是个重要的问题，我们期待能借助数码 POS 机设计出全新的店面布局。"据了解，数码 POS 机的尺寸为 317.5 mm×600 mm。相较于传统的自助收银机，体积减小了约 30%，数码 POS 机的显示器可以收纳在顾客操作台的底部。

图 1-13　日本 7-Eleven 便利店的自助式收银台"数码 POS 机"
（摄影：日经 ×TECH）

悬浮式空中触控屏利用特殊光学元件板和显示屏组合而成，在空中成像，与传感器组合后可作为非接触式的交互面板使用。宇都宫大学工学部基础工学科的山本裕绍教授长期进行悬浮触控技术领域的研究，他认为该技术想要在悬浮式的交互面板、广告牌上广泛使用，需要满足以下 5 个条件：①手可以直接接触影像；②任何视角看到的影像均处于同一位置；③裸眼可看；④确保安全性；⑤可批量生产。"被动型（Passive）光学元件"就同时满足了以上 5 个条件。利用该元件，可将显示器上的影像光在空中成像。数码 POS 机采用了日本 Asukanet 公司生产的安装了被动光学元件的 ASKA3D–Plate 面板。

目前，三菱电机、大日本印刷、凸版印刷、Maxell、阿尔卑斯阿尔派公司（Alpsalpine）等大型企业都进行了悬浮显示系统的研发，今后还将研发非接触式输入系统，并将这些技术广泛应用于广告牌、娱乐、车载服务等领域。在中国虽然也有一些悬浮触控技术的实际应用，但日本在这一领域处于世界领先地位。

悬浮显示屏能否普及，取决于是否开拓出应对疫情以外的其他用途。虽然设备成本会随着光学元件的量产化逐渐降低，但目前动辄数十万日元的费用还是显得昂贵。目前各公司正在致力于从现有的信息录入、显示的交互系统中挖掘更大的价值。例如，由阿尔卑斯阿尔派公司和宇都宫大学共同研发，于 2022 年 1 月发布的"隐形悬浮交互面板"是将悬浮触控设备隐藏到木纹式的墙面中。用户将手放在装有设备的墙壁附近，电容式传感器就会检测到手的存在，继而在空中显示数字键盘，用户可以在此键盘上输入密码（图 1–14）。

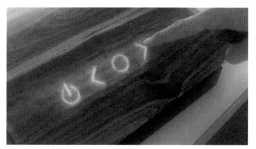

将悬浮触控设备安装在木纹式的墙面内，隐藏了实体按键，提升了设计感。

图 1–14　隐形悬浮交互面板

（来源：阿尔卑斯阿尔派公司）

隐形悬浮触控技术将在 2025 年前应用于电梯、自动售票机等公共空间。该技术融合了 3 种先进技术：沿入射光的路径反射光线，让影像悬浮显示的递归性反射技术；实现了悬浮触控操作的高灵敏度静电容量检测技术；装潢印刷技术。将上述技术组合在一起研发出的悬浮显示交互界面属全球首创。

由于嵌入墙壁中的发光体发出的光可以透过装潢印刷的部分。因此在外观上无须打孔或使用玻璃面板。阿尔卑斯阿尔派公司开发部的安次岭勉成表示，该公司的技术在显示面板的外观设计上可以选择木纹、金属、碳纤维等基本纹样。这些显示面板经过精心设计，与周边环境浑然一体，还能将按键等影像悬浮显示，实现"隐形图标"功能。

（内田泰　日经 ×TECH・日经电子）

五感传感器
——检测人类五感

技术成熟度　中　2030 年期待值　11.7

五感传感器是把无法用传感器直接测量的感觉细分为若干个要素，并用传感器检测各要素，通过 AI 技术进行预测，在此基础上结合各项结果进行判断。

以测试"味觉"为例，先利用多个传感器检测食品或饮料中产生甜味、咸味、酸味、苦味、鲜味的各种化学物质，确认其成分。然后以检测到的化学物质的种类和数量为基础数据，运用 AI 技术分析各种物质之间的相互作用，进而判断出人感受到的味道。

该技术也能测试出人们在看到事物时的好感度。当人们试戴上头盔形状的脑电波传感器和眼镜形状的眼动仪，在较短时间内观看试制样品时，机器会检测到观看试制样品时被试者的脑电波及视线的变化。根据脑电波的测量结果，可计算出被试者感兴趣的程度；根据眼动仪的测量结果判断是什么吸引了被试者的目光。综合分析这两个结果，就能了解人们对于试制样品的好感度。

虽然该技术仍处于研发阶段，但商务人士对此都抱有很大期待。日经BP综合研究所每年都面向商务人士进行一项调查，以了解选取的100项技术在扩大商业活动、创造新商机方面的重要性。其中有几项技术关注度较高，这几年持续出现在我们的调查名单里。我们比较了2020年和2022年关于五感传感器技术的调查结果。

对于五感传感器，在2020年8月的调查中，21.7%的人认为"5年后（2025年）该项技术很重要"；17.9%的人认为"现在（2020年）该项技术很重要"。

而在2022年6月的调查中，回答"2030年该项技术很重要"的人占17.9%，回答"现在（2022年）该项技术很重要"的人占10.0%。

虽然人们对该技术未来的期待值一直都很高，但对比2年前，当下的期待值是有所下降的。由此可以看出，2020年受新冠疫情持续扩散的影响，当时人们更加看好感知技术的发展。

（未来世界调查组　日经BP综合研究所）

触觉反馈技术
——通过振动等方式再现触感

技术成熟度　中　2030年期待值　4.4

在没有实际触摸，也能将触摸真实物体的感受传递给手，即模拟的触觉信息被反馈到手部的技术被称为触觉反馈技术。例如，有一种技术可以让人在操作游戏机手柄时感觉仿佛握着真正的汽车方向盘。

美国索尼互动娱乐（SIE）公司于2020年发售了王牌产品——"PlayStation（PS）5"，PS5搭配的"DualSense"游戏手柄就采用了触觉反馈技术。该手柄真实感强，触感丰富，是PS5的卖点之一。玩家通过手柄的震动既能感受到汽车在泥路上行驶时沉重的泥泞感，也能感受到汽车驶过沙滩和冰雪路面的感觉。

中川佑辅是索尼集团 R&D 中心兼 SIE 公司的技术人员，他在触觉反馈领域颇有建树。这款"DualSense"游戏手柄，正是 SIE 的研发部门将中川佑辅团队的研究成果转化成的产品。

一般来说，生产厂家的研发成果最终实现批量生产的概率很低。中川佑辅的团队只用了 4 年时间就跨越了横亘在研究和商品之间的阻碍。由于这一出色成就，中川佑辅于 2021 年，年仅 35 岁就跻身索尼集团的中层管理部门，领导研发触觉反馈技术的部门。

中川佑辅在东京大学读研期间就开始研究触觉反馈技术，2012 年进入索尼集团后也未中断研究工作。当时，市面上已经零星出现搭载多种触觉反馈技术的产品，索尼集团内的研究部门 R&D 中心也在致力于这项技术的研发。

当时公司要求研发团队将影像和触觉反馈结合在一起，配合影像和声音，通过控制物体的振动模拟出真实的触觉。中川说："我们的任务是用触觉反馈技术创造出卓越的用户体验，并将其应用到索尼的产品和服务中。"

中川回忆说："进入公司后的 1 年间，因公司没有触觉反馈领域的研究人员，我独自一人孜孜不倦地进行着研究。我需要通过控制物体的振动模拟出真实的触觉，而声音是由物体振动产生的声波，所以我在研究过程中常向音响技术领域的同事请教。"

例如，当金属球体撞击墙壁时，振动频率、声音频率分别是多少？中川通过反复实验，收集物体在墙壁上撞击时的声音频率、物体加速度等数据。但是，仅凭中川个人，能做的实验数量有限，而振动和声音的组合是无限的。2013 年，中川所在部门的领导加入了这项研究工作，随后越来越多的同事加入这项工作中来，最终成立了研发团队，极大地拓宽了研发范围。

中川所在的研发团队于 2014 年开始样机研发，目标是参加 2016 年初

在美国举办的 "SXSW Interactie（South by Southwest Interactive）2016"。该样机采用了平板电脑的样式，显示器和手柄一体化，配合播放的影像，握把也会随之震动，向使用者传达触觉效果（图1-15）。

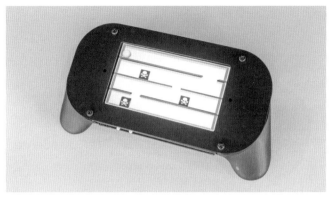

如果倾斜面板，位于画面左上角的小球会滚动。当小球碰到画面边框时会感受到手柄震动。随着小球材质的变化，感受到的震动效果也不同。

图1-15　研发试制的样机

（摄影：宫原一郎）

样机内搭载角速度传感器，倾斜样机时屏幕上的小球随之滚动，继而通过震动模拟触觉。游戏中的小球可以换成橡胶和金属等材质，玩家可以体验不同材质的小球碰撞时产生的触觉效果。由于团队人数增加，样机开发进行得十分顺利。但是，很快研发团队就发现并不是所有用户都需要真实的"触觉"。在游戏体验这样的娱乐领域，比起完全真实的触觉，用户更喜欢稍微夸张一点的感觉。

如何弥合用户所期待的触觉与真实触觉之间的差距？找到最优的解决方案。研发团队通过反复试验，尝试各种创意和办法，最终提升了用户体验，使得样机得以顺利面世。

天道酬勤，中川所在的研发团队在SXSW艺术节上的展示广受好评，在公司内也引起了热烈讨论。PS5的设计部门看中了中川的才能，随后中川加入了索尼互动娱乐公司旗下的PS5研发团队（图1-16）。中川说："这是我第一次将研究成果应用到实际的产品中，所以非常高兴。"

图 1-16   拥有真实触觉反馈功能的 PS5 手柄 "DualSense"

（摄影：studiocasper）

2019 年，年仅 33 岁的中川佑辅成为研发团队的负责人。2021 年，在索尼集团主办的 "DinoScience 恐龙科博会" 上，随着影像的变幻，观众们脚下的地板也随之产生震动效果，这正是中川研发的技术成果之一。

中川自成为项目组负责人，担任管理工作以来，就十分注重团队成员的培养。他坚持每周召开一次线上学习会，与全体成员共同学习触觉反馈方面的最新技术。他说："在我入职后的几年中，深切地感到只有通晓与触觉相关的专业术语和技术，才能不断解决研发中的难题。"

他表示今后的目标是凸显触觉体验的重要性。与视觉领域的影像、听觉领域的音响器材相比，触觉领域相关的娱乐设备和内容还比较贫乏。"我想普及触觉领域的娱乐项目，给大家带来令人心动的全新体验。"——这就是中川的奋斗目标。

（久保田龙之介   日经 ×TECH·日经电子）

第二章

热门趋势之二
软体机器人与绿色转型（GX）

软体机器人
——轻盈且安全　柔中显力量

技术成熟度　中　2030 期待值　7.4

软体机器人是近年来科研人员持续关注的研发重点，它基于柔性材料制造而成，拥有高度适应性和灵活性，既能抓住柔软的物体，也能在狭窄或落差大的地方作业，大大拓宽了机器人的应用领域，引起众多厂商的关注。例如，普利司通公司正在研发橡胶材质的机械臂，相关建筑公司则计划将软体机器人应用于工地检测和数据收集工作。

普利司通公司已研制出可以抓拿花朵、水果等柔软物体的机械臂（图 2-1），于 2022 年下半年起向其他公司有偿租借，并计划 2024 年实现该产品的商业化。

机械手上有四条橡胶人工肌肉（气动执行器），可调节气压开合。

图 2-1　由普利司通公司研发的由柔性材料组成的机械手

（摄影：加藤康）

如果向该机械臂的橡胶人工肌肉中注入空气，其橡胶管就会膨胀，并向轴向收缩（图 2-2），而人工肌肉内部还有一条易于向内弯曲的铁板状内芯，所以只要提高气压，机械臂就能抓取物体。普利司通探索事业开发

第一部门部长音山哲一表示："制造橡胶管时采用了轮胎和工业软管的相关技术。"

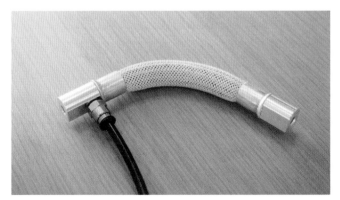

人工肌肉的主要材料是柔软的橡胶管和纤维编织物，具备握持质量为5 kg铁球的力量。

图2-2　由橡胶管和纤维编织物等制造的橡胶人工肌肉

（摄影：加藤康）

由于该机械臂采用橡胶人工肌肉，在抓取物体时可以避免物体损伤，无须精准调整抓取力度。橡胶材料缓冲性好，因此机械臂以任何力度都能抓取到物品，即使纤弱的花朵也可以轻松抓取。普利司通公司在研发机械臂时，开始是使用液压模式，但将抓取对象改为水果等轻量物体后，可将动力模式改为气动式，这样既可节省成本，也更易维护。据该公司相关人员介绍说，"在抓取重物时，该机械臂也能再更改为液压模式"。

该技术将首先应用于电动汽车充电，通过灵活使用橡胶人工肌肉，有望让电动汽车实现自动充电。后续，该技术预计可广泛应用于物流、零售库房管理及护理看护等领域。

2022年3月，普利司通公司在东京国际展览中心举办的国际机器人展会上展示了用机械臂抓取苹果和香蕉，得到了工业机器人制造厂家的广泛关注。

此前，在机械臂领域，虽然可以通过图像识别和人工智能计算出适合的握持位置和力度，但硬件方面对抓取力度的把控还做不到十分精准，业界普遍认为很难研发出能抓取质地柔软或不规则物体的机械臂。例如，在水果自动分拣机器人上安装吸附垫，但由于很难控制力度，所以很容易损伤水果。

软体机器人凭借其轻盈、灵活的优点，可以在狭窄或有高低差的地方展开作业。软体机器人在移动时对周边人或物的损伤率较低，自身受损的风险也小，因此该技术有望被应用于以往机器人无法作业的地方。

未来，这一技术有望在建筑行业落地。目前，以风险企业为首的相关企业正在推进软体机器人的研发及应用。2017年，日本中央大学的首家风险企业——Solaris 基于高功率气动人工肌肉的研究成果，研发出了与实际生物柔软度一样的软体机器人。蚯蚓形机器人便是其中一例（图2-3），该款气动人工肌肉能够以蠕动的方式运动。相比传统机器人，它可以在窄细管道内移动，从而进行检查和清扫。

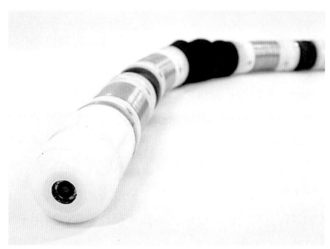

图 2-3　Solaris 开发的蚯蚓形机器人

（来源：Solaris）

此外，成立于2020年的 SoftRoid 公司使用软体机器人收集建筑工地数据，并通过分析可视化数据来提高生产效率。该公司的软体机器人可以代替人工自动巡视建筑工地，收集全景图像等数据。机器人上配备了不影响施工现场，且能根据台阶高低差灵活变形的爬行器。据悉，该项目已入选日本国土交通省主办的机器人技术实证实验项目，以及东日本旅客铁道会社的创投项目。

（久保田龙之介　日经 ×TECH・日经电子，

森冈丽　日经 ×TECH・日经建筑）

生物混合机器人
——心肌细胞、听觉等生命系统与机电系统的融合

技术成熟度　低　2030 年期待值　10.2

传统的机器人研发主要基于机械工程学、电气电子工程学、信息工程学等领域的技术展开。生物混合机器人研发着眼于生物运动能力强、能量转换效率高和感测能力好等优势，这一研究领域涌现出一批优秀成果。

美国哈佛大学研发出利用老鼠细胞的游泳生物混合机器人。该机器人形似鳐鱼，科学家在高分子化合物（硅胶）上安装金线骨骼后，植入老鼠的心肌细胞。心肌细胞被激活后，就可以通过细胞传递电信号使肌肉收缩。

这种机器人的运动是基于光遗传学原理来控制的，在蓝光 LED 灯的照射下，心肌细胞受到刺激后收缩，使人工骨骼向下弯曲运动从而向前移动。如果这种经工程学方式加工过的心肌细胞，其收缩运动能够模型化，则该技术将有望应用于人工器官的开发（图 2-4）。

此外，美国陆军研究所的科研人员正在研发利用肌肉组织的生物混合机器人，该机器人可灵活应用于各种场景。

以色列特拉维夫大学的科研团队正在研制利用昆虫听觉功能的生物混合机器人。这款机器人集成了基于蝗虫的听觉系统（鼓膜）的生物混合平台——"Ear-Bot"。

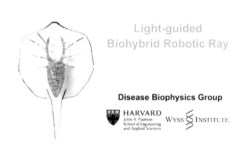

图 2-4　哈佛大学研发的鳐鱼形机器人的视频封面

（来源：哈佛大学发布于 Youtube 网站的视频）

　　研究团队从蝗虫身上取出听觉神经和鼓膜器官，将其和浸满生理盐水的特殊生物功能芯片集成在一起。芯片上连接了前置放大器，通过蝗虫的听觉器官提取出电流信号，再将电流信号放大后，传输至控制机器人的中枢。此时机器人便可通过蝗虫的耳朵"听到"声音，当研究人员单次拍手时，机器人会往前移动；而当研究人员拍手两次时，机器人就向后走。

　　与电子系统相比，生物系统的电能消耗可谓是微不足道。如果将昆虫的听觉器官直接整合到机器人上，不仅有望实现低电耗，更有望制造出比人工听觉传感器更加灵敏的传感器。

（木村知史　日经 BP 综合研究所，

元田光一　技术撰稿人）

仿生鸟飞行器
——性能优越，可模仿鸟类飞行或着陆

技术成熟度　中　2030 年期待值　2.8

　　目前，制造气动元件的德国费斯托公司、美国斯坦福大学、日本九州工业大学等正在探索鸟类的羽毛和脚的结构，旨在研发新型飞行控制技术。

鸟类在发现地面上的猎物后，可以通过快速向下俯冲或者以其他飞行方式来进行捕捉，但这种飞行姿态很难在飞机或无人机上实现。

"BionicSwift"是由德国费斯托公司研发的一款仿生鸟飞行器，身长44.5 cm，翼展68 cm，重量42 g。这款飞行器体积虽小，但却搭载有羽翼结构和通信装置，另外还配备控制扑翼的零件和电池，以及控制上述零件的电路板等（图2-5）。

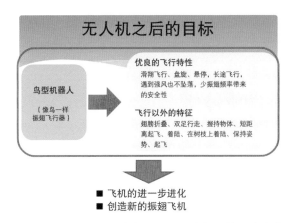

图 2-5　仿生鸟飞行器带来全新愿景，催生新型扑翼式仿生飞行器

（来源：九州工业大学大竹博副教授）

这款飞行器的飞行环境设定为室内，可以进行多架编队飞行。飞行器以室内设置的多个支持超宽带技术（UWB）的 GPS 模块作为锚点，互相定位，并自动识别安全飞行空域。

费斯托公司计划将仿生鸟飞行器 BionicSwift 应用于厂房内部的工序确认、零件和材料运输。通过利用飞行器上方的有限空间，有效提升工厂的生产效率。

斯坦福大学研究团队以鸽子为原型，研制出鸽子飞行器"PigeonBot"。这款飞行器的翅膀使用了鸽子的羽毛，关节的设计也模仿鸽子的骨骼，可以调整飞行姿态，并在螺旋桨的推力下飞行。该团队还研究了鸽子翅膀的结构，发现鸽子为躲避危险极速转弯，或遭遇不稳定气流时，依然能很好地抵挡空气阻力继续飞行。目前，研究团队正在利用 PigeonBot 研究翅膀变形的内在机理。

在日本，九州工业大学信息工学研究院的大竹博副教授在进行"扑翼式仿生飞行器"研究。大竹副教授介绍说："仿生飞行器有效利用了翅膀的关节，在强风环境下也不会轻易坠落。如果将这些知识应用于航空业，或许会对飞机制造技术的进一步提升有所帮助。"如何将鸟类的飞行机制应用于飞行器、新型飞机的研发之中，这将是未来的重要课题。

（木村知史　日经 BP 综合研究所，

元田光一　技术撰稿人）

第六根指头的躯体化
——用手臂肌肉驱动小指外侧的人工指

技术成熟度　低　2030 年期待值　1.7

日本电气通信大学和法国国立科学研究中心（CNRS）成功研制出安装在小拇指外侧的人工"第六指（Sixth Finger）"，并通过手腕肌肉发力，成功驱动该机器手指做出动作。

在实验中，与佩戴人工手指前相比，受试者对小指位置的感知变得模糊，这种感觉变化我们称之为"躯体化"。该技术证实了通过将仿生机械安装在人体上以增进身体机能的可能性。

日本电气通信大学研发的"第六指"是由不随意肌控制（图 2-6），在不影响现有身体机能的情况下就能驱动外接在身体上的部位。

图2-6　操作佩戴在手部的人工手指的场景

（来源：电气通信大学）

以往的人工手指或假肢等身体增强技术，都需要与身体的某个其他部位联动。比如，要启动假肢运动，用户要踩下压力感应器。因此，当用户不想使用人工手指或假手时，脚上也就不能有动作，这意味着使用者的身体活动会受到限制。

在此实验中，操控人工手指需要利用安装在"桡侧腕屈肌""尺侧腕屈肌""桡侧腕伸肌""总指伸肌"这些手臂肌肉上的传感器获得的电信号，这些电信号根据手指的运动显示出固定的模式。例如，手部在做"猜丁壳"中"石头""剪刀"或"布"的动作时，电信号模式都是不同的。

当人工手指检测到与本人手指活动不同的信号模式时，人工手指就会活动。使用者不需要活动手腕和手掌，只需腕部稍微用力，人工手指便会弯曲。我们能够控制人工手指的活动，而且这一活动与自身手指及其他身体部位并不联动。

实验中，所有受试者只要经过1小时左右的练习，就能随心所欲地控制人工手指活动。电气通信大学研究团队还进一步调查了大脑如何适应人工手指，该研究有望阐明大脑是否会将人工手指"躯体化"，即大脑是否会将人工手指当作人体的一部分（图2-7）。

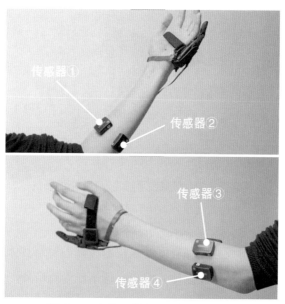

图 2-7　人体佩戴人工手指与传感器

（来源：电气通信大学）

　　为此，研究团队开展了两项实验，分别是"障碍躲避实验"和"定位实验"。研究人员在障碍躲避实验中测量了在有障碍物的地方活动手时，手部与障碍物的距离；在定位实验中，观察受试者在看不见手的状态下，进行手部活动时，测量其手部的位置。实验结束后，研究人员询问受试者对人工手指的认识和感觉，如"能否按照自己的想法行动"或"能否适应人工手指的存在"等，将这些回答结合实验结果，对机器的"躯体化"程度进行评估（图 2-8）。实验显示，受试者对人工手指的认知和感觉与定位实验中观察到的行为变化高度相关。部分受试者回答道："强烈地感觉到人工手指是自己身体的一部分"，但当要求他们用小指触摸指定地方时，触摸位置却与实际的位置偏差很大。因此，可以看出这些受试者对小指位置的认知更加模糊。

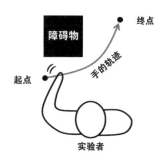

实验中，研究人员观察了手在从起点移动到终点途中躲避障碍物的轨迹。佩戴人工手指会影响人体对手部大小的认知，根据手对障碍物的躲避方式可推断佩戴人工手指的影响。

图2-8　障碍物回避实验的情景

（来源：日经 ×TECH 照片由电气通信大学提供，插图根据电气通信大学的论文资料绘制）

电气通信大学的宫胁教授表示："受试者感觉的变化导致他们的行为发生了变化——这便是成功将机器躯体化的证据。"宫胁教授还描绘了此项技术普及后的场景，他说："未来人们可以利用这项技术进行身体的设计，那时某人手上有六根手指，也许只是他（她）个性的表达方式。随着技术的普及，人们对残疾人和健全人的区分也终将模糊。"

谈到今后的研究方向，宫胁教授表示："接下来，我想研究增加新手或新手指后，大脑是如何适应这一变化的。主要包括"大脑地图"形状是否改变？抑或是地图形状不变，由大脑中多个区域组合驱动新手指？"这里补充说明一下，人在活动某个手指时，大脑中对应负责该手指的区域也在活动。大脑中的地图是指大脑中负责身体各部位活动的不同分区。

（石桥拓马　日经 ×TECH·日经制造）

代替视觉的新感觉装置
——通过骨传导震动传达与前方物体的距离信息

技术成熟度　中　2030 年期待值　9.0

香川县高松的风险型企业 Raise the Flag 公司正在研发可以代替视觉的新感觉装置"SYN+"。该装置以提高视觉障碍者的生活质量为目标，将人与周围物体的距离转化为震动模式，通过骨传导技术传递给使用者。测试版预计于 2023 年春发布，产品将在 2024 年夏季前后正式上市。

"SYN+"由眼镜型设备和挂在腰部的主机构成。眼镜型设备集合了双目视觉相机、眼动追踪系统、骨传导等技术，可以拍摄周边环境并向使用者反馈信息。主机由电脑和电池构成，承担计算处理和通信任务（图 2-9）。使用"SYN+"时首先用双目视觉相机拍摄周边环境，然后再通过眼球追踪系统捕捉到使用者的眼球运动，确定使用者的意图。

由眼镜型设备和主机组成。

图 2-9　SYN+ 样机
（摄影：日经 ×TECH）

Raise the Flag 公司的数据显示，在视觉障碍人群中有九成左右的人仍能自由活动眼球。当眼球无法转动或被摘除时，也可以通过转动头部，实现同样的操作。

因为双目视觉相机可以记录纵深方向的信息，所以只要确定眼睛朝向的方向，就可以计算出使用者与物体表面之间的距离，之后将这一距离信息转换为震动，根据距离远近，采用不同的震动模式。当使用者距离物体较远时，震动为有节奏的"卟、卟、卟"；当距离较近时，则是急迫、连续的震动"卟卟卟卟卟卟"；如果前方空无一物，则不会震动。

SYN+利用位于左右太阳穴和眉间的三处骨传导装置传达震动信息。如果右侧的视线范围内有障碍物，右边太阳穴处就会强烈震动，帮助使用者判断方向。SYN+可以判断使用者与对面物体表面某一点之间的距离。而上下、左右移动眼球（或者头部）将增加测量点的数量，帮助设备收集更多信息。SYN+不仅能测量到使用者与物体的距离，还能捕捉到物体的大小和轮廓。

SYN+分为两种模式，一种是可以仔细"观察"周边情况的台式模式；另一种是可以感知5 m以外情形的步行模式，两种模式可以根据不同场景自由切换（图2-10）。

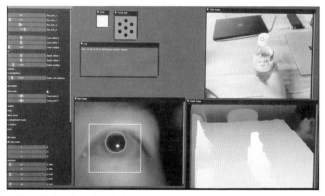

分析眼球动作，测量眼球与前方对象物的距离。

图2-10　SYN+的工作示意

（来源：Raise the Flag）

Raise the Flag公司创始人中村猛说："使用者只需要经过30分钟的训练，就能够通过SYN+感知到面前有一堵墙、一扇开着的门，所以使用一周之后，SYN+应该就能在日常生活中发挥作用了。"

除了能够识别周围的物体，SYN+还具备识别颜色、朗读文本及与辅助者共享视野、录像等功能。

对于具有微弱视力的使用者，色感也是重要的信息。SYN+亦可投映对象物体的颜色。在样机中，在右眼部分使用了眼球追踪技术，而在左眼部分安装了可以显示颜色的屏幕。

SYN+为了确认使用者想了解什么信息，会将面前的各个物体独立分开，再逐一朗读上面的文字信息。反观目前帮助视障人士朗读文字的机器，一般是将镜头拍摄到的文字全部读出来，有时会有不知所云的情况。

Raise the Flag公司计划于2023年春推出数十台测试版装置，在用户实际使用过程中进行改良，2024年夏季前后正式推出成品装置。公司计划届时将设备与管理视野共享、软件升级的应用程序配套出售。设备价格为50万日元（不含税），应用程序或电子券的使用费预计为每月500日元（不含税），该公司还将考虑提供应用程序的订阅服务。

SYN+在日本经济产业省于2022年1月14日举办的"日本健康生活商业大赛（JHeC）2022"中，获得了商业竞赛部门的最高奖项。

（大崩贵之 日经×TECH·日经数字健康）

碳循环系统
——用绿氢和二氧化碳合成甲烷

技术成熟度 中 2030年期待值 36.9

碳循环利用是以可再生能源制造的氢气（绿氢）为基础，加入从火力发电、锅炉废气中分离出的二氧化碳或大气中的二氧化碳，来合成可作为塑料原料的甲烷和烯烃的技术。

如果碳循环利用系统有较好的经济价值，在社会上普及的话，我们便可以将无碳甲烷应用在城市煤气及工业用高温热源中，还可以在享受塑料制品带来便利的同时实现碳中和。

在发电领域实现脱碳，可以选择再生能源发电或核能发电等常规技术，但在工业生产中的高温热源及塑料原材料领域，目前尚无商业化的脱碳技术。

2018 年 4 月，日本 IHI 集团与相马市（位于福岛县南部）合作的智慧社区项目"相马 IHI 绿色能源中心"开始运营。这里的绿氢和二氧化碳构成的碳循环系统已初具规模。该中心拥有功率 1.6 MW 的巨型太阳能发电站（Mega Solar）（图 2-11）、输出功率 1 MW 且容量为 5.5 MWh 的大型蓄电池系统（图 2-12）及用来制氢的电解水装置等。

图 2-11 绿色能源中心内持续运转的太阳能发电站

（摄影：日经 BP）

通过太阳能提高自给率。

图 2-12 5.5 MWh 的大容量蓄电池

（摄影：日经 BP）

该中心电解水装置的负荷约为 400 kW，采用碱型（25 Nm³/h，旭化成制造）和固体高分子（PEM）型（30 Nm³/h，日立造船制造）两种类型，目前两种电解水装置仍在测试中。中心的大型锂离子蓄电池系统由东芝三菱电机工业系统（TMEIC）和 IHI Terrasun Solutions 的产品组成，使用 TMEIC 制造的两相功率调节器（PCS）进行充放电。

该中心的太阳能发电站除了供应本中心用电，还可以利用自营线路向市政污水处理厂和垃圾焚烧场供电，电力不足时则使用电力公司供电。通过太阳能发电，该中心的年平均电力自给率可达 60%，即使在停电时太阳能发电和蓄电池也能自动运转进行供电。

在天气状况良好时，巨型太阳能电站所发的电不仅能将蓄电池存满，还有剩余的电力。这种情况下会启动电解水装置来制造氢气。中心内有 2 个气罐，最多可储存 400 m³ 的氢气（图 2-13）。

图 2-13　最大存储量达到 400 m³ 的氢气储存罐

（摄影：日经 BP）

2020 年 9 月，在相马 IHI 绿色能源中心新建了一座氢气研究大楼"相马实验中心"。主要研究应用太阳能发电制造的绿氢来合成甲烷、氨、烯烃等技术。这里的合成甲烷装置以电解氢和二氧化碳为原料，每小时可以合成 12 m³ 甲烷。

IHI 集团正在计划为相马市运营的社区巴士提供燃料。具体做法是将燃油车改造成可以使用压缩天然气（CNG）的双燃料汽车，巴士上使用的燃料是合成甲烷而非天然气。

如果合成甲烷能为汽车供能，日本国内将首次实现以绿氢和二氧化碳合成的甲烷为燃料的 CNG 公交车上路行驶。而且合成甲烷可以使用现有的天然气售气机，所以在构建基础设施方面较氢能更加简单易行。

氧气是使用可再生能源制造氢气时的副产品，相马 IHI 绿色能源中心正在将这种"副产氧气"应用于陆地养殖。该中心内安装了装满淡水的圆形水槽，用来养殖罗非鱼和虹鳟鱼，而这些氧气可以给水槽内增氧。将来可以在制造绿氢的基站附近建设陆地养殖设施，降低养殖的成本。

此外，该中心还致力于打造养殖和水培相结合的"鱼菜共生（Aquaponics）"系统（图 2-14），可以在养殖鱼类的同时用水培设备培育绿叶菜，将鱼的排泄物作为水培植物的氮素肥料使用，兼具净化养殖用水和给植物施肥两项功能。

图 2-14　陆地养殖与水培相结合的鱼菜共生系统

（来源：IHI）

要让鱼菜共生系统正常运行，关键在于让鱼排泄出的氮和蔬菜吸收的氮保持平衡。IHI 集团使用物联网获取数据，实现了管理和操作的自动化，不必依赖管理者的经验。

鱼菜共生系统共有 4 条生产线，可将其中一半生产线加入盐分模拟海水环境，用来养殖海水鱼和栽培海水作物。海水养殖的鱼类经济价值高，可以进一步提高鱼菜共生系统的优势。另外，在开启空调设备时具有一定的时间灵活性，可以利用太阳能发电站的剩余电力，满足其电力需求。使用剩余电力可以降低电费，提高植物工厂和养殖业的竞争力。

为了确保碳循环利用所需的二氧化碳，IHI 采用 CCS（二氧化碳捕集封存），即从火力发电和锅炉的废气分离二氧化碳和 DAC（直接空气捕集）两种方式来回收碳。

IHI 相生事业所建设了 CCS 示范工厂，使用含胺的化学吸收液，每天从燃烧煤炭和溴烷的废气中分离并回收 20 吨二氧化碳。

此外，相马实验中心基于胺类物质的研究成果，搭建了二氧化碳回收设备 DAC（图 2-15）。向设备内含胺的多孔材料注入空气，可以有效吸附二氧化碳，经过加温后可以成功实现二氧化碳 100% 浓度的回收。DAC 设备空间占用少，有望应用于小型工厂、企业的锅炉等设备进行碳回收。

图 2-15　将空气中二氧化碳进行分离回收的 DAC 设备

（来源：IHI）

相马实验室将 DAC 回收的二氧化碳用于鱼菜共生系统中的绿叶菜栽培。通过提高二氧化碳浓度来促进农作物生长的方法被称为热电二氧化碳联供,这一方法已有成功案例。DAC 回收的二氧化碳属于清洁能源,可用于植物工厂。目前已有企业洽谈将 DAC 回收的二氧化碳长期稳定地供应给植物工厂的项目。

如果 IHI 集团将来扩大规模,那么 DAC 回收的二氧化碳亦可用于制造甲烷。但是因为 CCS 比 DAC 成本低、产量高,所以制造甲烷时使用 CCS 方式回收的二氧化碳在短期内仍是主流做法。

依靠二氧化碳实现的植物光合作用变成了产业化体系,这是太阳能发电和碳循环利用落地生根的一个例子。在这一体系中产生的氢、氧及二氧化碳既是工业原料,又是动植物赖以生存的食粮。未来,这一体系有可能成为连接工业、农业和水产业的关键技术。

（金子宪治　日经 BP 综合研究所巨型太阳能商务）

零碳城市
——地方政府与城市的实际碳排放量降为零

技术成熟度　中　2030 年期待值　44.4

在日本,越来越多的地方政府表示要致力于"2050 年二氧化碳零排放"这一目标,实现脱碳社会。

2020 年 10 月,日本首相菅义伟在就职演讲中宣布,"到 2050 年,将温室气体的排放量降为零"。日本设定了脱碳社会的目标,开始向碳中和方向迈进。在商务人士选出的 2030 年技术排行榜中,零碳城市技术位居前列。

2019 年 6 月,日本内阁会议决定:以《巴黎协定》为基础,将长期发展战略目标定为"到 2050 年将温室气体排放量减少 80%""力争在 21 世纪后半叶尽早实现脱碳社会"。2020 年 10 月,菅义伟就职演讲时将实现这一目标的时间提前了。2030 年的温室气体减排目标是比 2013 年减少 26%，但随着 2050 年碳排放削减量目标的修改，这一数字也有可能发生改变（图 2-16）。

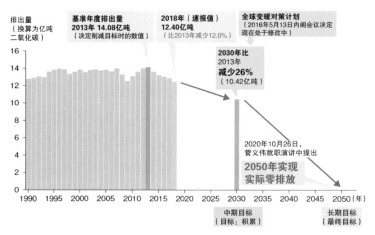

2050 年将温室气体排放量降为零，为此要大幅提升技术研发的速度。

图 2-16 日本削减温室气体的目标

（来源：日本环境省）

日本国内也将在 2025 年之前大力推广各种新技术，如加快住宅和公共设施的节能化，推进利用可再生能源的共享电动汽车等项目。地方政府与环境省合作，以创建零碳城市为目标，打造降低环境负荷的示范项目，并于 2030 年起在日本全域推广这些项目。

也有企业看准日本全国推广的碳中和趋势，以此为商机，转向脱碳这一目标加大相关领域的投资，推进技术的更新迭代。今后，随着在更多领域的技术更新，碳中和领域的经济圈也将不断扩大。

（野野村洸　日经 ×TECH·日经电子）

DAC（直接空气捕集）技术
——直接捕集大气中二氧化碳，全球竞相建设"空中吸碳"工厂

技术成熟度　低　2030 年期待值　25.5

为了实现脱碳社会，各国正在大力推进去除空气中二氧化碳的"直接空气捕集（Direct Air Capture，DAC）"技术的研发工作。

瑞士和加拿大的初创公司致力于搭建 DAC 的大型成套设备，日本的 IHI、三菱重工、川崎重工等公司不断推进 DAC 技术落地。

DAC 是一种除碳技术，利用安装在净碳工厂内的装置，捕集并安全储存大气中的二氧化碳。脱碳已成全球趋势，多家公司表明要开发、投资 DAC 技术。

创立于 2010 年美国的 Stripe 公司主要提供结算支持服务。该公司于 2021 年 2 月发布"Stripe Climate"计划，让使用 Stripe 支付平台的企业通过该工具来协助除去大气层中的二氧化碳。使用 Stripe 的电商（EC）企业等可以从结算额（销售额）中拿出一定金额捐赠给除碳企业，这一计划得到了全球 37 个国家的 2000 多家企业支持。2021 年 5 月 26 日，美国 Sptripe 公司宣布将从 6 个项目中购买 275 万美元的配额；2020 年 5 月 18 日，Sptripe 公司宣布将从 4 个项目中购买 100 万美元的配额（表 2-1）。

表 2-1　美国 Stripe 公司提供资金援助的除碳企业及团体

时间	企业或团体名称	概要
2021 年	CarbonBuilt	把低浓度的二氧化碳直接转换成碳酸钙
	Heirloom Carbon Technologies	从大气中回收二氧化碳，储存在地下
	Mission Zero Technologies	通过电化学反应回收、浓缩、隔离二氧化碳
	Running Tide	在海水中培育海带储存二氧化碳
	Seachange	利用海水隔离二氧化碳
	The Future Forest Company	在森林中放置玄武岩石，用来吸收二氧化碳

时间	企业或团体名称	概要
2020 年	CarbonCure Technologies	将二氧化碳注入混凝土中储存，提高混凝土强度
	Charm Industrial	将产自生物质中的油脂注入储存场所，用来固化二氧化碳
	Climeworks	利用地热和废热回收并浓缩二氧化碳，将其隔离在地底下
	Project Vesta	用橄榄石回收二氧化碳

来源：日经计算机。

Stripe Climate 计划的负责人以开创除碳去除领域大市场为目标，认为这一市场将带动低成本的持久除碳技术的应用，为应对气候变化导致的灾难性影响提供更多选择方案。

解决方法组合（Solution Portfolio）是指有效除碳的技术群集。DAC 有可能成为企业实现二氧化碳排放和回收等量的碳中和目标的方案。美国微软公司的目标是实现负碳排放，即二氧化碳的回收量超过排放量，该公司也表明将致力于 DAC 技术的开发。

（谷岛宣之　日经 BP 综合研究所）

绿氢
——用可再生能源发电，通过电解水制取氢气

技术成熟度　中　2030 年期待值　27.5

利用可再生能源发电，再用电解水技术制备的氢气称为"绿氢"。目前绿氢项目急剧增加，大有左右世界能源情况的趋势。绿氢的计划生产总量已经超过日本的能源消耗总量。

在不久的未来，澳大利亚、南美、中东、非洲及印度将成为绿氢生产大国。以中东为中心的能源版图将被大幅改写。

据日经 ×TECH 统计，截至 2021 年 12 月底，全球绿氢大规模量产项目共计超过 1.62 太瓦（Terawatt，TW）规模。此处的瓦特（W）表示水电解装置的驱动（消耗）电力。

这些项目大多在 2030 年前后才能正式启动，目前还未得到资金支持，因此更像是一张蓝图甚至是"画饼充饥"。尽管如此，2020 年此类项目只有 60 GW 左右的规模，而仅过去 1 年时间，规模就膨胀了 27 倍，并且其中大部分项目是在 2021 年秋季以后才发布的，目前项目增势依然强劲。

很多大规模生产绿氢的项目都计划建设在已引入可再生能源、剩余电力丰富的地区，或是可再生能源条件较好的区域。例如，澳大利亚、南美的巴塔哥尼亚地区（横跨南纬 40° 以南的智利和阿根廷地区）、中国、欧洲、中东、印度等国家和地区。

其中，澳大利亚正在积极推进绿氢大规模量产计划。仅 2022 年就出现了许多接近 10 GW 规模的项目，目前澳大利亚计划建设的绿氢项目合计已超过 260 GW。一年前，中国香港的洲际能源公司旗下的"亚洲可再生能源中心（AREH）"是澳大利亚绿氢领域的唯一巨头，其他企业的项目规模都相对较小。其中，西澳大利亚（WA）州的州政府积极引进绿氢项目，制定了 2030 年达到 200 GW 的目标。澳大利亚联邦政府对贸然引进外部的绿氢项目持谨慎态度，驳回了亚洲可再生能源中心于 2021 年 6 月提出的许可申请。但是相关企业并未放弃，准备对项目计划进行微调后再次申请。西澳大利亚州也积极推进，制订了"西部绿色能源中心（WGEH）"计划，规模远超前者。同时，其他大大小小的项目也如雨后春笋般涌现。

实际上，日本是这些绿氢生产商的最大客户。日本的氢能巨头——岩谷产业、川崎重工、丸红、IHI、三菱重工等公司都在努力与澳大利亚的绿氢生产企业建立良好关系（图 2-17）。

岩谷产业、川崎重工、关西电力、丸红于 2021 年 9 月宣布，将在澳大利亚昆士兰州格拉德斯通近郊与该国企业合作建设绿氢项目。

图 2-17　绿氢生产项目"中央昆士兰州氢气项目（Central Queensland Hydrogen Project）"的基础设施概念

（来源：丸红）

最近，澳大利亚绿氢领域各大型铁矿石开采及冶炼企业——澳大利亚钢铁金属集团（FMG）备受瞩目。该公司的创始人安德鲁·福里斯特总裁年收入在 2 兆日元左右，常年位居澳大利亚富豪榜榜首。近两年福里斯特总裁将业务大幅转向了绿氢事业，在该领域迅速布局。

现在，钢铁企业为了脱碳，用氢气替代以往在铁矿石的冶炼、还原中使用的焦炭，即所谓的绿色钢铁。澳大利亚钢铁金属集团也在向绿色钢铁转型，但福里斯特总裁并不满足于钢铁产业的环保转型，他还希望在可再生能源及绿氢领域成为世界领先企业。

澳大利亚钢铁金属集团于 2020 年末为川崎重工和岩谷产业供应液化绿氢。2021 年 5 月，该集团的子公司 Fortescue 能源公司通过金融产业链（FFI）为日本 IHI 集团供应氨。澳大利亚钢铁金属集团还提出比之前计划提前 10 年，即 2030 年温室气体实现实际零排放的目标。另外还公布了 2030 年在澳大利亚以 150 GW，每年 1500 万吨的规模量产绿氢的计划。

在日本，三菱商事公司在脱碳事业上已投入 2 兆日元，许多大型贸易公司也正在积极行动。但政府和社会对绿氢领域的投入还很少。政府和社会行动越晚，就越容易在与其他国家的竞争中处于劣势。

（野泽哲生　日经×TECH·日经电子）

人工光合作用
——用二氧化碳和水制氢、烃，生产效率不断提高

技术成熟度　中　2030 年期待值　30.7

人工光合作用，即模拟植物光合作用的化学反应技术。该技术作为不依赖石油，仅用二氧化碳和水制得氢和烃等材料的方法而备受关注。

2021 年 8 月 26 日，新能源产业技术综合开发机构（NEDO）和人工光合作用化学工艺技术研究团队（ARPChem）宣布，他们成功进行了利用太阳能和光催化剂分解水来制氢，即"太阳能氢气"的系统性大规模实证实验。这套系统由光催化面板反应器和气体分离模块组成。把光催化面板反应器放入水中，在太阳光照射下产生氢气和氧气，使用气体分离模块中的分离膜将氢氧混合气体中的氢气分离出来。

2019 年 8 月，该系统安装在位于茨城县石冈市的东京大学研究机构（图 2-18）。此次实证实验由 ARPChem 与东京大学、富士胶卷、TOTO、三菱化工、信州大学、明治大学共同实施，目的是验证该系统的规模扩展性和安全性。实验中的光催化面板反应器的受光面积为 100 m^2，是 ARPChem 实验阶段达到的最大规模。

图2-18 安装在东京大学研究机构内的"太阳能氢气"生成分离系统
（来源：NEDO）

研究团队宣布实证实验获得成功，从水分解反应产生的氢氧混合气体中安全稳定地分离回收了高纯度的氢气。光催化面板将太阳能转换成氢气的转换效率（Solar to Hydrogen，STH）为0.76%。

在一般的电解水装置中，由于氢和氧是分别在不同的电极中产生的，所以比较安全。但是在NEDO和ARPChem的实验系统中，制得的氢气和氧气处于混合状态，所以必须要确认其安全性。

提高人工光合作用效率的技术也不断推陈出新（图2-19）。2022年1月20日，日产汽车公司宣布与东京工业大学成功开发了可将长波光高效转换成短波的固体材料。该公司表示如果使用这种材料，使用光催化剂等的人工光合作用的效率有可能增加1倍（日产汽车公司实验数据），并可以将其应用于制造保险杠所用树脂材料原料——烯烃的制造中，实现生产过程中二氧化碳的减排。

日产汽车公司和东京工业大学新开发了"光子上转换（UC）固体材料"。通过使用该材料，可将无法被利用的长波长的光转换为可用的短波长光，提高氢气等的生成效率。目前利用太阳光，用光催化剂从水中生成氢气和氧气时，主要依靠太阳光中的高能量的短波长光（蓝色光），而低能量的长波长光（绿色到黄绿色光）无法得到利用。

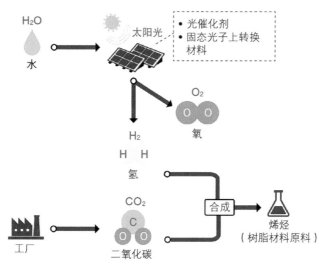

图 2-19　通过人工光合作用合成烯烃

（来源：日产汽车）

日产汽车公司的目标是将生成的氢气和从工厂回收的二氧化碳合成制造出烯烃。烯烃是乙烯、丙烯、丁烯等化合物的总称，即"不饱和碳氢化合物"，其中聚丙烯、聚乙烯是汽车零部件的常用材料。

制造这种新型光子上转换固体材料，主要采用了有机发光的电子板（EL）等比较便宜的原材料。东京工业大学副教授村上阳一表示，虽然制造过程中还用到铂这种高价材料，但用量极小，今后将研究不使用铂的光子上转换固体材料。

迄今为止，光子上转换材料多为可燃性液体，即使将液态转为固态，其转化效率和对光照射的耐久性也很低。此次日产汽车公司和东京工业大学发现的光子上转换固体材料，在维持热力学中稳定固态相的同时，即使在只有自然太阳光强度几分之一的低强度光条件下，也能以高效率（理论上限约 30%）将长波长光转换成短波长光。

（野泽哲生　日经 ×TECH・日经电子，

清水直茂　日经 ×TECH）

绿色混凝土
——吸收、固定二氧化碳，助力碳中和

技术成熟度 高 2030年期待值 33.8

在建筑领域，能够捕集并封存二氧化碳的新型混凝土已被制造并投入使用。过去，在制造混凝土时大多会使用生产过程中排放的大量二氧化碳的水泥，通过这种全新技术，混凝土有可能变成一种负碳排放的材料。

虽然这种新型混凝土的用途还十分有限，但混凝土是一种用量很大的建筑材料，如果新技术得到普及，将为碳中和做出巨大贡献。

日本的大成建设公司研制出能在浇筑过程中减少大气中二氧化碳的碳循环混凝土"T-eConcrete/Carbon-Recycle"（图2-20）。

图 2-20　使用 T-eConcrete/Carbon-Recycle 混凝土进行浇筑的施工现场

（来源：大成建设公司）

这种混凝土中使用了从工厂废气中回收的二氧化碳所制成的碳酸钙粉末，这些碳酸钙粉末的固碳量超过了混凝土制造过程中排出的二氧化碳。每浇筑 1 m³ 绿色混凝土，大气中就会减少 5 ~ 55 kg 二氧化碳。

如果将碳酸钙混入混凝土中，每立方米混凝土能封存 70 ～ 170 kg 的二氧化碳。据大成建设公司介绍，其碳封存量与以 CCS（二氧化碳捕集封存）方式在地下和海底封存的二氧化碳量相当。

事实上，在使用水泥的普通混凝土制造过程中，每立方米二氧化碳的排放量高达 250 ～ 330 kg，远超碳酸钙能够实现的碳封存量。大成建设公司掌握的"环保混凝土"技术，用炼钢的副产品高炉渣来代替水泥。此项技术再加上碳循环混凝土技术，将有望实现负碳排放的结果。

大成建设公司在技术中心的地基内进行碳循环混凝土现场浇筑的实证实验，据说这是第一次现场浇筑、铺设含有负碳效用碳酸钙的混凝土（图 2-21）。除使用碳循环混凝土外，在现场还用到以环保混凝土制造的仿石材地砖"T-razzo"。与普通混凝土铺筑相比，此次铺筑 5.3 m³ 绿色混凝土共减排 1.5 t 二氧化碳。

图 2-21　使用绿色混凝土的岛根县国道行车道与人行道边界区域

（来源：鹿岛建设公司）

使用碳循环混凝土无须专门的设备，即使是混凝土使用量较少的工程也能实现减排。此外，鹿岛建设公司和中国电力公司、电化公司研制的

"CO_2-SUICOM" 能够在养护阶段封存二氧化碳。使用电化公司独有的以氢氧化钙为原料的特殊混合材料 "γ-C_2S"，以 5% ~ 30% 的比例与水泥置换时，该混凝土不与水反应，只与二氧化碳反应而凝固。另外，如果将部分水泥换成炭灰或高炉渣等工业副产品，所吸收的二氧化碳将超过制造混凝土时的排放量，每立方米混凝土将减排 300 kg 二氧化碳。

此项技术约 10 年前已开始应用，曾用于地砖和埋设型框架等混凝土制品。鹿岛建设与三菱商事、中国电力联手，尝试将 CO_2-SUICOM 混凝土应用于现场浇筑。

三菱商事还与北美及英国的 3 家脱碳混凝土技术领域的初创公司进行资本参与和业务合作，提出了"绿色混凝土构想"，旨在集中各公司的技术优势，增加二氧化碳固化量，扩大事业规模。

为了实现这一构想，三菱商事已成立横跨多个业务单元的 CCUS（二氧化碳回收、有效利用、贮留）工作组，推进跨多个产业的二氧化碳循环利用的商业化。

在混凝土领域，二氧化碳的回收、有效利用、贮留技术比较成熟，日本国内外涌现了一大批初创企业，它们致力于推进绿色混凝土的商业化，将这一业务不断普及扩大。

[真锅政彦　日经 ×TECH・日经建筑（Construction），

氏家加奈子　自由撰稿人，

桑原丰　日经 ×TECH・日经建筑（Architecture），

桥场一男　撰稿人]

人造肉
——用动物细胞培养肉，挑战三维打印培养肉组织

技术成熟度　中　2030 年期待值　38.8

人造肉有两种，一种是从动物身上提取细胞培养而成，另一种是以植物为材料制成，一般将前者称为"培养肉"，后者称为"植物肉"。

由于培养肉可以直接制成可食用部分，所以生产效率高，可持续性强。与传统的畜牧产品相比，它的温室气体排放量和饲料、水的消耗量都较小，有利于减轻环境负担。

随着世界人口的增加，仅靠现有畜牧业将无法满足肉类需求，因此培养肉被寄予厚望。

在日本，IntegriCulture、DiverseFarm 等初创企业，以及日清食品公司、东京大学、东京女子医科大学、大阪大学、九州大学等都在开发牛和鸡的培养肉。

在国外，荷兰的 MosaMeat，以色列的 AlephFarms 等公司在研制人造猪肉；荷兰的 Meatable、美国 Fork&Good 等企业在研发人造牛肉。美国的芬莱斯食品公司（FinlessFoods）在制造人造金枪鱼肉，新加坡的 ShiokMeats 公司则在制造人造虾肉。2020 年 2 月，新加坡在世界上率先批准了培养肉的销售。

2022 年 3 月 28 日，大阪大学研究生院工学研究科、岛津制造所与日本 Sigmaxyz 公司宣布将开展共同研究，研制用 3D 打印机自动生产培养肉的设备。他们计划在 2025 年举办的大阪·关西世博会上展示该设备，并在会场提供以培养肉为原料的菜肴。

大阪大学研究生院工学研究科的松崎典弥教授等人于 2021 年 8 月发表了基于三维打印机的细胞培养肉制造技术（图 2-22），即将肌肉细胞、脂肪细胞、血管内皮细胞分别以线状输出，通过分化培养形成细胞排列的纤维，再把这些肌肉纤维按照牛肉的组织结构均匀排列，由此仿真牛肉得以成形。

大阪大学试制的培养肉剖面，截面大小约为 5 mm × 5 mm。

图 2-22 大阪大学培养的人造肉的横截面

（来源：大阪大学研究生院）

今后松崎教授等人将通过共同研究，推进这一技术的自动化，并扩大生产规模。目前的培养槽为边长数厘米的正方形，未来将可能扩大到数十倍以上。

岛津制作所拥有检测植物肉风味的技术，并计划将该技术应用于细胞培养肉。用高效液相色谱仪检测构成肉类鲜香味道的氨基酸等成分；用气相色谱仪检测气味；用纹理分析仪来检测嚼劲和口感。未来这项技术不仅用来检验人造肉的味道，改善其培养过程，还会作为质检体系和自动培养系统配套出售。

Sigmaxyz 公司着眼于细胞培养肉商用化后的流通销售，不仅寻找开展共同研究的合作伙伴，还不断开展产品宣传。关于新的合作伙伴，除有植物肉销售领域的 NextMeats 的子公司——研发培养肉的 Dr.Foods（博士食品）公司加入之外，海外培养肉领域的众多企业也纷纷表示合作意愿。

在细胞培养肉的生产中，需要培育牛、猪、鸡等动物细胞并使之不断增殖，成为块状的"肉"（图 2-23）。在形成块状肉的过程中，有的只使用细胞形成组织，有的用胶原蛋白等外部成分进行黏合，两者的差别很大，在日本国内，前者的关注度较高。

这是具有细长狭缝的板状凝胶。将肌肉细胞注入该狭缝中

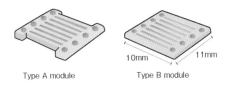

Type A module   Type B module

将两种凝胶交替重叠，并将狭缝的位置相互错开进行培养，最终形成三维组织

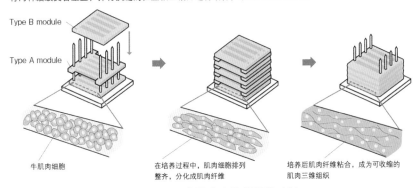

牛肌肉细胞　　　在培养过程中，肌肉细胞排列　　培养后肌肉纤维粘合，成为可收缩的
　　　　　　　整齐，分化成肌肉纤维　　　　肌肉三维组织

图 2-23　人造牛肉的组织化方法

（来源：日经生物技术基于竹内教授等人的论文作图）

　　在细胞培养肉领域，与传统畜产肉的形状最接近，开发难度也最高的是将培养肉的肌肉细胞变成与活体相同的三维组织，使其具有与肌肉相同的功能。东京大学研究生院信息理工学研究科的竹内昌治教授正在与日清食品公司共同开展相关研究。

　　2019 年 3 月，日清食品公司宣布研发出约 1 cm 见方的"培养牛排肉"，引发各界关注。具体做法是将牛的肌肉细胞从新鲜的牛肉中取出，放入板状胶原蛋白凝胶的细长狭缝中培养，使其分化成肌肉纤维。然后将板状的凝胶堆叠在一起，肌肉纤维就会纵向堆叠排列，形成三维组织。凝胶在培养过程中被逐渐损耗消化，不会残留在最终的培养肉产品中。该项目将持续到 2025 年 3 月，目标是制作出 7 cm 见方、厚度 2 cm、重 100 g 左右的牛排肉。目前已经制作出 7 cm×7 cm 的薄片状肉，以及数厘米见方、厚度约 1 cm 的火柴盒状肉块。

　　此项目中的培养细胞分化成肌肉纤维，如果加以电流刺激，肌肉纤维

会对刺激做出反应，表现为肌肉收缩反应。但是，并非所有被培养的细胞都能顺利实现分化，分化后的每一条肌肉纤维也都比较纤弱。如何还原真实肉中的肌肉、脂肪和颜色也是一个难题。

DiversFarm 公司用再生医疗的专利技术"细胞的三维组织化"来制造培养肉。该公司使用的是将细胞封闭在一定空间内培养的"Net mold 方法"（图 2-24）。"Net mold"即网格模具，把肌肉细胞放入 5 cm 见方，厚 1 mm 左右的片状金属网笼中，加入培养液进行培养。

图 2-24　在网格模具中培养的人造鸡肉

（来源：日经生物科技）

在网格模具中培养的细胞会相互结合，这与动物体内的相同细胞间结合的现象如出一辙，如此便能制造出 100 % 动物细胞的三维组织。

Net mold 方法是大野次郎社长独自研发的，已于 2017 年 2 月获得专利。他认为细胞的组织化技术可以运用于培养肉领域。大野社长和怀石料理店"云鹤"的厨师长岛村雅暗副社长，共同创立了 DiverseFarm 公司，一旦法律允许将培养肉作为食品销售，"云鹤"将会提供以培养肉为原料的菜品。

相关团队目前正在研发培养肉的菜品，如炭烤培养鸡肉、培养鸡肉茄子田乐烧、牛蒡芝麻豆腐配培养鹅肝酱汁、培养鸭肉汤、干炸培养鸭肉、炙烤培养鸭肉、培养鸭肉高汤火锅、米粉裹炸培养鸭肉、当季的勾芡菜品、什锦培养鸡肉、炖煮培养鸭肉配茶泡饭等。餐饮领域里最早普及的人造肉是植物肉，为了消除大豆原料散发出的独特气味，需要浓厚的调味，但是培养肉无须浓油重酱，可以采用清淡而细腻的烹饪手法。

IntegriCulture 公司致力于改善培养基的成分，节约成本，这是细胞培养肉要面对的一大问题。如果使用研究用的培养基，不仅无法获得食品许可，而且价格昂贵，因此必须将培养基替换成可认定为食品的成分。

该公司已经将细胞培养实验中广泛使用的氨基酸和糖类物质换成了由国家批准的食品添加剂提供的成分。今后计划让酵母和藻类产生此类营养成分，制成浓缩液添加到培养基中，此举可将成本降至研究用培养基的 1%。

在培养细胞的阶段，也需要将细胞因子和生长因子等蛋白质成分置换为可食用且价格低廉的物质。为此，IntegriCulture 公司研发了 "CulNet System" 系统，可以在细胞培养系统中生成这些蛋白质成分，无须从外部投放（图 2-25）。具体做法是从与培养肉细胞同一种属的动物脏器中提取细胞，放入与培养肉的培养槽相连的另一个培养槽中。脏器细胞产生蛋白质成分，释放到培养系统中并为培养细胞提供能力。这是模拟了生物体内各脏器进行物质生产，并通过循环相互作用的"脏器间相互作用"体系。

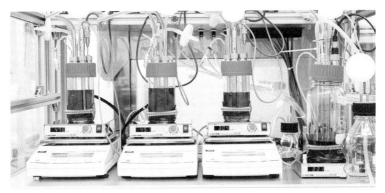

图 2-25　培养系统 "CulNet System"

（来源：IntegriCulture）

研究表明，鸡、鸭的胚膜分泌物能大幅促进肝脏细胞增殖。由于除了肌肉细胞，还会培养其他细胞，因此根据所培养的细胞种类不同，需要的分泌物也各不相同。CulNet System 系统可以根据不同需求在培养系统中加入多个脏器细胞以区分使用。

随着培养肉的生产规模不断扩大，需要大量使用廉价的培养基。从藻类中提取糖、氨基酸、维生素等作为培养基是一项非常令人期待的技术。东京女子医科大学尖端生命医学科学研究所的清水达也教授、原口裕次特聘副教授的研究团队正在攻克此课题（图 2-26）。该研究作为农林水产领域的重大科研攻关课题，已获得日本的登月型研发项目立项。

未来细胞培养型人造食物生产系统

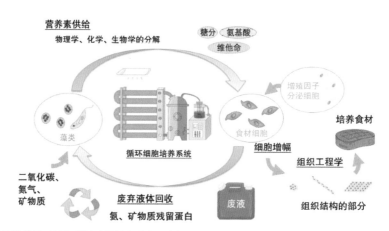

安装了培养基地回收利用系统的人造肉生产概念图。

图 2-26　未来细胞培养型人造食物生产系统

（来源：东京女子医科大学教授清水达也）

先在培养基中培养肉，然后在同一培养基中培养藻类，藻类吸收、消化肉类细胞排出的氨，随即在细胞体内累积糖类物质和氨基酸等营养物质。从藻类中提取这些营养物质，添加到培养基中。通过这一过程实现了培养基的循环利用。

根据清水教授的估算，如果引进上述利用藻类的培养基生产、循环系统，实现培养基的循环利用，那么培养基的成本可能会降至1/10以下。如果与其他降低培养基成本的技术相结合，培养肉的价格完全有可能降到可接受的价格区间。

今后，清水教授的研究团队计划研发出具有循环系统的培养装置，几年内研制出1次循环可产出100 g培养肉的家用尺寸的培养装置，到2030年研制出每天可连续生产1 kg培养肉，占地30 m^{2}左右的大型培养装置。

针对培养肉的商业化需要制定相关的法律法规。日本自由民主党于2022年6月3日成立了"基于细胞农业的可持续性社会推进议员联盟"。此外，"CRS细胞农业研究会"希望社会各界的有识之士广泛讨论细胞农业的相关问题。该研究会事务所宣传部长吉富爱望指出，目前有四大问题需要讨论。

首要问题是安全性。不仅要论证上市销售的培养肉类的安全性，还需要检验制造过程中使用的培养液的安全性。尤其是培养液的某些成分最终不会出现在培养肉产品中，所以需要慎重对待这些成分。对于未被认可为食品添加剂的成分，如果仅在制造过程中使用，而不会出现在最终产品中，我们能否认可这种添加行为？还是在制造过程中就明令禁止？如何看待这个问题关乎培养液研发的难易度。其次，在培育品牌牛等的细胞时，知识产权问题的处理也很重要。再次，关于培育肉的低环境负荷这一优点，需要各厂家公开相关信息，让公众了解到各个产品的环境贡献度。最后，希望将目前通用的"培养肉"这一名称改为更容易被消费者接受的表达。

（菊池结贵子　日经生物）

第三章

2030 年最值得期待的技术

融合已成为技术发展的重要特征，不同技术的相互融合会产生新的价值。从本书介绍的100种技术来看，不少技术融合了多个技术、多个领域，其中计算机与网络等IT技术的融合最为常见。

IT技术也被称为数码技术。虽然信息本身是无形的，但是它可以给其他技术提供很多必要信息，进而引发新的变革，提高技术效率。

第一章中提到的"Web 3.0"是传统的Web技术与区块链技术相结合的产物，这一改变赋予数字数据"所有权"的突破。例如，作家可以管理其数字艺术作品的所有权，在任何Web网站上销售作品都可能得到合理的报酬。在此之前，任何人都可以轻易地复制作品，因此很难证明所有权的归属及作品的真伪。

"元宇宙"将人类的现实与数字空间相融合。此外，通过三维影像捕捉人的细微表情、通过容积捕捉技术可以清晰地看到衣服的褶皱，以及将现实的被摄体与虚拟背景进行合成的虚拟制作技术也在不断进步。

这些技术不仅提高了电影和影像作品的画面质量，而且将改变"数字分身在VR（虚拟现实）中笨拙移动"的现状。

随着科技进步，以IT技术为首的各项技术不断发展，现实世界（物理世界）与虚拟空间、网络世界的融合也变得越来越容易。

在第二章介绍的"软体机器人"等机器人技术也是技术融合的体现。动作轻柔、不会碰伤物品的橡胶人工肌肉，集成了机器人和生物细胞的生物混合机器人，像真正的鸟类一样展翅高飞的鸟形仿生飞行器，这些都是将自然界中生物的强项融合在机器人身上。随着能够扩展触觉和视觉等身体机能的设备出现，真实生物和机器人的界线将变得越来越模糊。

第二章的后半段介绍了减少二氧化碳排放的"绿色转型（GX）"，为实现绿色转型，技术融合也必不可少。绿色转型从根本上改变了现有的工作方式、产品规格、供应链组装方式，以此减少二氧化碳的排放。绿色转型的实现既离不开融合了多项环保技术的碳循环系统和DAC（直接空气捕集），也离不开与金融创新公司的合作。

另外，正处于研究阶段的人造肉是应对食物不足的一项有效对策，与以往的畜牧产品相比，这一技术碳排放少，对饲料和水的消耗量都很低。

尽管 IT 技术日新月异，但人和物都需要实现物理意义上的空间移动。第四章介绍的自动驾驶及无人驾驶的技术发展势头迅猛。例如，AI、互联网与汽车相结合的技术保护驾驶员安全，而汽车自身也在不断更新换代。我们甚至能看到有些研究将目光投向了浩瀚太空，尤其聚焦于近地轨道经济圈的商业活动。

第五章介绍了人类在现实生活中的栖身之所，如写字楼、住宅等也在持续升级。利用 IT 技术可以提高居住舒适度，目前，我们不仅在建筑设计阶段积极引入 IT 技术，在实际施工时，也能实现远程操作各种重型机械。在建筑、土木工程领域 IT 技术无处不在，楼宇内的 IT 技术应用、建筑设计与 IT 技术的融合、IT 技术操控下的重型机械施工……甚至还可以用 3D 打印机建造 CAD 设计的建筑物。将来，也许可以依托日本优秀的建筑技术，"出口"整座建筑物。

以真人为对象的医疗、保健领域也在和 IT 技术进行融合。例如，可以用传感器掌握患者的病情，也可以用 AI 技术辅助医生进行远程诊断。如果具备随时随地都能进行检查的硬件环境，就能不断缩小不同地域间的医疗水平差距，进一步完善各地域的居民保健系统。

第六章中提到的排尿预测传感器于 2022 年 4 月进入了护理保险特定福利用具销售项目。随着人们对减轻护理负担的物品和服务的需求越来越大，相关智能医疗器械也逐渐被认可。

第七章介绍的"数字治疗（DTx）"，是一种"允许介入治疗的智能手机应用程序"。新冠疫情让线上诊疗服务进一步得到发展和普及，进而推动了药物与 IT 技术、治疗与 IT 技术的融合。另外，药物的研发也从未停下创新的脚步，利用尿液、血液、线虫等检测癌症风险的技术已经实现商业化，研究人员正在开发只杀死癌细胞的治疗药物。

由于新冠疫情的影响，人们的工作方式也发生了翻天覆地的变化。IT技术正在改变设计和检查等需要人工介入、进行实际操作的工作，如果实际操作、材料开发等与 IT 技术相融合，机器人或无人机也能完成原本需要真人操作的工作。我们可以在第八章中窥见这样的未来场景。

虽然物流领域的非接触配送已经普及，但与无人配送业务相匹配的硬件及环境建设仍在进行中。随着日本首架物流无人机的诞生，物流、运输行业的人力短缺问题或许会迎来曙光。

IT 技术是上述这些技术融合的关键，其自身也在不断发展。第九章中提到，量子计算机虽然还在研发过程中，但已在金融、化学、建筑等领域看到它具有广阔的未来前景。

AI 和机器学习都需要以大数据为基础，因此保护数据安全的技术至关重要，目前正在积极开发自动检测风险和纠错的技术。

活跃于虚拟世界的 IT 技术给各个领域带来诸多影响，但它也需要真实世界的电力来维持运行。第十章介绍了与新能源相关的半导体及电池的研究。能够减少碳排放、降低事故风险的微型反应堆等新一代核反应堆也备受关注。2022 年 8 月 2 日，日本首相岸田文雄在"GX 实行会议"上讨论建设新一代核电站。

关于本书中出现的 100 种技术，日经对 1000 名商务人士进行了问卷调查，请他们基于拓展业务和创造新事业的视角，选出"2030 年技术排行榜"（表 3-1）和"2022 年技术排行榜"（表 3-2）。本书将其结果称为"技术期待值"。

表 3-1　2030 年技术期待值排名（1000 个有效回答）

排名	技术名称	期待值
1	护理机器人	58.3%
2	量子计算机	50.9%
3	全自动驾驶	46.4%
4	零碳城市	44.4%
5	无人驾驶 Maas（出行即服务）	42.1%
6	医疗机器人	39.1%
7	人造肉	38.8%
8	碳循环系统	36.9%

排名	技术名称	期待值
9	无人机配送	36.2%
10	MR 医疗	35.6%
11	绿色混凝土	33.8%
12	人工光合作用	30.7%
13	新一代核反应堆	29.5%
14	元宇宙	29.2%
15	充电公路	28.5%
16	钠离子电池	27.8%
17	绿氢	27.5%
18	Web 3.0	26.8%
19	DAC（直接空气捕集）技术	25.5%
20	数字孪生防灾	24.0%
21	认知障碍辅助诊断软件	24.0%
22	光免疫疗法药物	23.9%
23	空中汽车	23.7%
24	IoT 住宅	23.5%
25	抗量子计算机密码	23.4%
26	驾驶员大脑活动降低预测装置	20.9%
27	都市 OS（智能中枢系统）	20.7%
28	材料信息学	20.6%
29	线粒体功能改善药	20.3%
30	新一代动力半导体	20.1%

来源：日经 BP 综合研究所"关于五年后的未来调查（前景技术 2022 年编）"。

调查实施机构：日经 BP 综合研究所。

调查期间：2022 年 6 月 16 日—7 月 4 日。

调查对象：以日经 BP 的网络媒体（日经商务网络版、日经 ×TECH 等）的读者为中心，对活跃于各行各业的商务人士进行网络调查。

有效回答数：1000 份。

所选技术与回答方式：将本书列举的 100 项技术分为 6 个领域。关于各领域的技术，从拓展事业到创造新事业的视角选出 3 项"在 2030 年具有较高重要性"的技术。

表 3-2　2022 年技术期待值排名（1000 个有效回答）

排名	技术名称	期待值
1	护理机器人	50.3%
2	碳循环系统	48.7%
3	量子计算机	47.2%
4	无人机配送	47%
5	医疗机器人	43.5%
6	无人驾驶 Maas（出行即服务）	40.6%
7	MR 医疗	39.1%
8	全自动驾驶	37.8%
9	线上教育	36.3%
10	绿氢	36.2%
11	绿色混凝土	36.1%
12	Web 3.0	35%
13	零碳城市	33.3%
14	认知障碍辅助诊断软件	31.8%
15	元宇宙	31.2%
16	无现金支付	31%
17	人造肉	30%
18	新一代动力半导体	28.3%
19	IoT 住宅	28.1%
20	驾驶员大脑活动降低预测装置	27.5%
21	车载 AI 半导体	26%
22	数字孪生防灾	25.3%
23	钠离子电池	25.2%
24	新一代核反应堆	24.6%
25	人工光合成	24.4%
26	使用影像的远程检查	24%
27	充电公路	22.1%
28	光免疫疗法药物	22.1%

排名	技术名称	期待值
29	电动车的变速箱	21.8%
30	SOAR（安全编排自动化与相应）	21.1%

来源：日经 BP 综合研究所"关于五年后的未来调查（前景技术 2022 年编）"。

调查实施机构：日经 BP 综合研究所。

调查期间：2022 年 6 月 16 日—7 月 4 日。

调查对象：以日经 BP 的网络媒体（日经商务网络版、日经 ×TECH 等）的读者为中心，对活跃于各行各业的商务人士进行网络调查。

有效回答数：1000 份。

所选技术与回答方式：将本书列举的 100 项技术分为 6 个领域。关于各领域的技术，从拓展事业到创造新事业的视角选出 3 项"在 2030 年具有较高重要性"的技术。

无论 2022 年还是 2030 年的排行榜，"护理机器人"都排到了第一位。50% 以上的回答认为其具有极高的重要性。如今已迈入被称为"人生 100 年"的长寿时代，根据日本厚生劳动省发布的数据显示，到 2030 年，约 3 名日本人中就有 1 名为高龄人士。为了维持健康和 QOL（生活质量），包括医疗、护理、预防在内的全方位保健的重要性不言而喻。因此，人们对"医疗机器人""MR 医疗"的期待也很高。

另外，碳循环系统、绿氢、绿色混凝土等和 GX 相关的技术也位居前列。人们普遍重视实现零碳排放的碳中和目标，关心与汽车等领域息息相关的绿氢等能源技术。

"量子计算机"技术也在技术排行榜上名列前茅。日本内阁在 2020 年 1 月发布的《量子技术创新战略最终报告》中指出，量子计算机的部分实用化最早将于 2030 年左右实现，随着这一时间的临近，相关需求会显著增加。

如果这些在未来 10 年内大放异彩的技术能够实现应用，将不断推进多种业界间的融合。如果基于 AI 辅助诊断技术、全新的检查方法、DTx 等相关技术投入使用，就能实现私人医生在线诊疗服务。医疗机构、药店、配送、零售、IT 企业也会进行深度合作，开拓新的领域。像这样的业界融合也同样会发生在 GX 领域。

　　日经 BP 的专业媒体编辑部和日经 BP 的专家库——综合研究所历时 6 年，完成了本书的编写及相关的调查工作。为了探寻多种多样技术的可能性，我们请各媒体的主编、日经综合研究所的所长（共计 50 人）列出 100 项"从明年起有可能改变世界的技术"。继而请商业人士填写了有关这 100 项技术的调查问卷。

　　在本书中，每项技术都标明了"技术成熟度"和"2030 期待值"。前者根据技术所处的不同阶段进行排名，尚在研究阶段的技术会被标记为"低"，已经得出成果的是"中"，在实用阶段的则是"高"。后者是面向 2030 年的预测数值，有些已投入使用且卓有成效的技术分值较低，而经常被媒体报道的新技术得分都相对较高。

（谷岛宣之　日经 BP 综合研究所，

金泽英惠　撰稿人）

第四章

汽车与火箭

完全自动驾驶

—— 无须驾驶员，由自动驾驶系统指挥车辆运行

技术成熟度　中　2030 年期待值　46.4

说起自动驾驶等级达到 L4 级别的完全自动驾驶汽车，让人记忆犹新的是丰田汽车公司在 2021 年东京奥运会选手村展示的 e-Palette。虽然当时发生了撞到有视觉障碍的残奥会运动员的事故，但是丰田汽车公司事后采取了应对措施，又重启了这项服务。

另外，各家汽车公司正在进行 L2 级别以上的无人驾驶汽车实验。尽管实验中的行驶环境不同，但有些公司的实验车在 L2 级别的定位下，已经出现了一些相当于 L4 级别的特征。

完全自动驾驶在 2030 年的期待值排名居第 3 位，看来商务人士对此期待颇高。

自动驾驶的等级分为 L0 ~ L5 级。等级越高，系统就越接近"完全自动驾驶"。目前研发的主要方向是 L3 级别，属于有条件自动驾驶，即由无人驾驶系统完成主要驾驶操作，相关服务仍在完善中。

2021 年秋，日产汽车公司在横滨市的未来之港及中华街区域的普通公路上，进行了使用无人驾驶车辆的预约出行服务实验。实验用车使用了该公司电动（EV）微型面包车"e-NV200"基础上改造的 L2 级别自动驾驶车辆。

日产汽车公司常务执行董事土井三浩介绍说，与该公司已经面市的，搭载了 L2 级别高速公路驾驶辅助系统（ADAS）的汽车相比，此次的实验车辆安装了更多的车身传感器。实验中，虽然驾驶员坐在驾驶席上，但只要没有异常或危险，驾驶员就无须介入驾驶，这距离远程监视下的无人驾驶又近了一步。

本田公司将使用合作伙伴美国通用汽车（GM）及 GM Cruise 公司（通用和本田共同出资的通用汽车子公司）研发的车辆，在 2025 年前后实现

L4 级别的"自动驾驶出行服务"商业化。

本田公司计划在自动驾驶出行服务正式运营中使用 GM Cruise 公司生产的 Cruise Origin（巡航起源）车型，车内不设驾驶座，属于 L4 级别的无人驾驶车辆。

本田公司从 2021 年 9 月开始，在宇都宫市和栃木县芳贺町进行自动驾驶的实证实验，实验车是 GM Cruise 公司在通用汽车的"Chevrolet Bolt"（EV 车）基础上改造的自动驾驶车辆"Cruise AV"（对应 L4 级别）。据 GM Cruise 的官网显示，Cruise AV 中 40% 的硬件是专为自动驾驶研发的。

WILLER 公司运营公交车等业务，该公司已于 2021 年 8—10 月在名古屋市鹤舞地区的普通道路上进行自动驾驶实验。实验车使用了法国 NAVYA 公司的无人驾驶穿梭巴士"ARMA"。从 ARMA 的总经销商 Mcdonica 公司发布的信息可知，NAVYA 公司将 ARMA 定位为 L3 级别车辆。

不过，很多 ARMA 的用户企业认为此车已达到 L4 级别的自动驾驶水平。因为 ARMA 没有方向盘、刹车踏板和油门踏板，取而代之的是类似于游戏机手柄的操控器。

日本的地方政府也有引入更高级别的自动驾驶车辆的计划。茨城县境町和软银子公司 BOLDLY 将在普通道路上提供无人驾驶的社区穿梭巴士出行服务（图 4-1），并在 2022 年将其提升至 L4 级别。据了解，2020 年 11 月，该服务定位为 L2 级（最高速度不超过 20 km/h），车辆被远程监控，在必要时提醒车上的驾驶员使用游戏机手柄干预车辆驾驶。

此外，BOLDLY 公司还于 2021 年在羽田创新城（HANEDA INNOVATION CITY）成功完成了只需远程监控来介入车辆行驶，相当于 L4 级别的自动驾驶实验。

行驶路线包括未明确区分车行道和人行道的小区道路。

图 4-1　行驶在茨城县境町普通道路上的无人驾驶社区穿梭巴士

（来源：BOLDLY）

福井县永平寺町从 2021 年 3 月起，在废弃的铁路旧址"永平寺参路"南侧约 2 km 的区域内，在周末和节假日进行只需远程监控的 L3 级别自动驾驶服务，该区域只允许行人、自行车、无人驾驶车辆进入。永平寺町使用的无人驾驶车辆是在雅马哈公司的电动卡丁车"Land Car"的基础上改造而成的，安排了 1 名远程监控人员，可以远程驾驶车辆，但基本上只是监控，而不进行远程的驾驶操作（图 4-2），可以说已经达到了事实上的 L4 级别自动驾驶。

监视器画面是由安装在车身的传感器发回的车辆周边及车内的影像。画面中显示车辆的位置、状态及通信状态。

图 4-2　福井县永平寺町用于 L3 级别出行服务的远程监控室

（来源：日经 Automotive）

（富冈恒宪　日经 ×TECH·日经 Automotive）

无人驾驶 MaaS
——无人驾驶的出行服务

技术成熟度　中　2030 年期待值　42.1

MaaS 全称为"Mobility as a Service"，意为出行即服务。在某些情况下，也作为使用 IT 技术将汽车、铁路等各种交通方式整合起来的新一代交通运输服务的总称。

正如在"全自动驾驶"一节所述，日本正在加速开发"无人驾驶 MaaS"，这是只需远程监控的无人驾驶出行服务，预计在 2025 年左右投入使用。

日本众多车企和地方政府都在积极推进无人驾驶 MaaS。

欧洲的行业团体 MaaS Alliance 对 MaaS 的定义是："将多种交通服务整合为可按需使用的单一出行服务"。日本为了应对某些地区人口过度稀少，以及交通、运输行业驾驶员缺少等问题，特别关注基于无人驾驶的出行服务（图 4-3）。此外，满足城市中自由出行的需求也是无人驾驶 MaaS 研发目的之一。

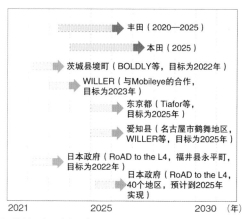

图 4-3　远程监控型无人驾驶 MaaS 投入使用的预定时间及阶段性目标

（来源：日经 ×TECH 根据采访、发布会与新闻等作图）

丰田汽车公司的目标是在多个地区实现 MaaS 的商业化。例如，目前日本正在静冈县裾野市建设未来型实验城市"Woven City"，丰田汽车公司准备在这里运营无人驾驶的社区穿梭巴士车 e-Palette，为当地居民提供出行服务。通过这一举措，推动 MaaS 向更加安全、安心、舒适的目标发展。

本田公司希望在 2025 年前后开始 L4 级别的自动驾驶出行服务，日产汽车公司也在加快研发工作，期待无人驾驶 MaaS 可以早日服务大众。

除了车企，WILLER、BOLDLY 等非汽车制造行业的公司；日本的地方政府都在积极开发基于无人驾驶的 MaaS 出行服务（图 4-4）。

利用周末和节假日，在废弃铁路旧址上进行自动驾驶实验。路面上黑线处铺设了电磁感应线。

图 4-4 在永平寺町进行仅依靠远程监控的 L3 级自动驾驶实验的行驶场景

（摄影：日经 ×TECH）

从事自动驾驶技术开发的 Tiafor 公司与日本损害保险公司也在积极推进远程监控型无人驾驶 MaaS 的落地。2020 年 11 月，Tiafor 公司将丰田汽车公司的出租车专用车"Japan Taxi"改造为自动驾驶出租车，并在西新宿地区的公共道路上进行自动驾驶实验。此次实验没有驾驶员同乘，仅远程监控车辆行驶，实现了相当于 L4 级别的行驶。

WILLER 公司提出了在 2023 年提供无人驾驶出行服务的目标，并与以色列的 Mobileye 公司（英特尔公司的子公司）建立了合作伙伴关系，使用 Mobileye 公司的自动驾驶技术和自动驾驶汽车，准备推出基于完全自动驾驶出租车（机器人出租车）及无人驾驶穿梭巴士的订制型共享服务。日本政府的目标是在 2022 年前后实现限定区域的远程监控无人自动驾驶出行服务。日本经济产业省和国土交通省于 2021 年开始实施"L4 级别自动驾驶等先进交通服务的研发及落地（RoAD to the L4）"计划，旨在促进 L4 级别的 MaaS 出行服务早日投入使用并尽快普及。该计划力争在 2025 年前，在 4 个以上地区提供 L4 级别的无人自动驾驶服务。其中 2022 年的阶段性目标，是在福井县永平寺町进行的只需远程监控的、L4 级别自动驾驶服务实验。

（富冈恒宪　日经 ×TECH·日经 Automotive，

清岛直树　日经 ×TECH·日经计算机）

车载 AI 半导体
——用于驾驶辅助系统等领域

技术成熟度　高　2030 年期待值　18.4

系统级芯片（System on Chip，SoC）是一种高度集成的电子系统，它将多个功能模块整合到单一芯片上，有效提高系统性能，降低功耗，并减小了芯片物理尺寸。目前，车载 SoC 计划搭载了先进驾驶辅助系统（ADAS）中的 AI 技术。

全世界的半导体厂商都在积极进军车载 SoC 领域，日本瑞萨电子正全力研发集合高性能 AI 加速器的车载 SoC。

在搭载 ADAS 的车载 SoC 领域，以色列的 Mobileye 公司和美国的英伟达（Nvidia）等 IT 半导体巨头实力强劲。最近，美国高通公司等移动互联网领域的半导体巨头也进入了车载 SoC 领域。

2025—2030 年将迎来 L2 ~ L3 级别的自动驾驶 ADAS 普及期，为此，电子控制单元（ECU）的低功耗和低成本将成为竞争核心。预计2030—2035年，L4级别以上的完全自动驾驶系统将得到普及，Mobileye公司和英伟达目前已经发布了高性能车载SoC。

另外，瑞萨电子突出自身优势，将AI加速器出色的能耗比作为主要卖点。

2022年3月，瑞萨电子发布了使用7 nm工艺的车载SoC"R-Car V4H"，基于深度学习性能，实现了16 TOPS/W（1 W功率下，每秒处理16万亿次）的世界最高水平的能耗比（图4-5），处理速度约为竞争对手的3倍。也就是说，在性能（TOPS值）相同的情况下，可以将芯片的能耗降至原来的1/3。如果能够实现气冷而非水冷的话，ECU的成本将会大幅降低。

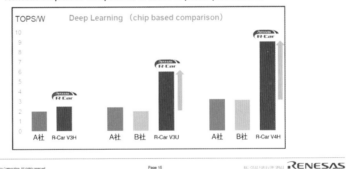

图4-5　AI芯片（深度学习推理）的能耗比

（来源：瑞萨电子）

此项技术优势能否在L4级别以上的全自动驾驶系统市场上发挥作用？瑞萨电子还需观察竞争对手的动向来做进一步判断。

（木村雅秀　日经×TECH·日经 Automotive）

在电动汽车上安装变速箱
——在高效区域驱动电机，延长续航距离

技术成熟度　中　2030 年期待值　13.5

在电动汽车上安装变速箱，能在高效区域驱动电机，延长续航距离，还能提高驱动扭矩，改善行驶性能。

虽然很多人认为"电机驱动的电动汽车无须变速箱"，但机械零部件厂家仍然在燃油车变速箱技术基础上进行研发，他们认为如果在纯电动车上安装变速箱，将有望实现与燃油车比肩的高性能。

爱信、采埃孚等变速器箱巨头，以及汽车零部件厂商博世等都在积极研发电动汽车的变速箱（图 4-6）。日产汽车公司旗下的汽车零件制造商Gatco 公司计划在 2025 年实现量产，目前正在对安装了变速箱的样机车辆进行性能测试。

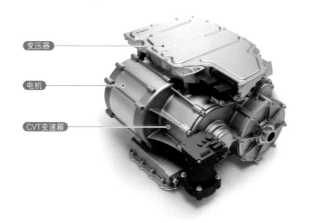

图中为电机和变压器一体化的电动加速箱。

图 4-6　博世研发的电动汽车用变速器（CVT）

（来源：博世）

机械零部件厂家也极其关注电动汽车变速箱。例如，日本精工（NSK）已经完成了电动汽车专用的两档变速箱设计，最快将在 2024 年投入生产

和上市。

由于可以充分利用燃油发动机时代的技术资产，所以各厂家都在积极推进电动汽车变速箱的研发工作。Gatco 公司的创新技术开发部部长前田诚说："变速箱内的齿轮材料和润滑油可以直接使用我们已经有的技术。"另外，博世动力系统解决方案事业部传动业务室的枪田大辅经理表示，"电动汽车用的无级变速箱可以使用燃油车变速箱上的橡胶皮带。"

虽然在电动汽车上装载变速箱的优点很多，如提高续航能力和极限速度。但也有人认为是多此一举。某日系汽车公司的电动汽车技术人员说："既然要制造纯电动汽车，那就应该简化系统结构，砍掉变速箱。"而且电动汽车电机的电力消耗量在非启动区域可达到90%以上的电动机效率（图4-7）。

博世开发的"CVT4EV"样车具备开启或关闭变速箱的功能，乘客可以在试驾中体验两种状态的区别。

图4-7　在30°的坡道上试驾"CVT4EV"样车

（摄影：日经 Automotive）

事实上，目前达到量产的纯电动汽车几乎都没有搭载变速箱。只有德国保时捷的豪华"Taycan"、德国奥迪的"e-tronGT"车型采用了变速箱的设计，目的是通过两挡变速箱确保最高速度，并提高低速区域的加速性能。

Taycan 的高配版最高时速可达 260 km/h，性能不输燃油车。没有配备变速箱的绝大多数量产纯电动汽车将最高速度控制在 160 km/h 以下。这可以满足在市区行驶的需求，但若要追求与高级燃油车同等的驾驶性能，现有的电动传动系统是无法实现的。

许多电动汽车车主提到"最高速度不足""高速行驶时电量下降很快""装载重物起步时动力不足"等问题。因为纯电动汽车的永磁同步电机（Permanent Magnet Synchronous Motor，PMSM）在汽车高速行驶时，旋转产生的逆电动势导致旋转阻力，最终降低了动力效率。博世相关负责人指出，如果根据转速对电动车进行变速，"D 级电动汽车的最高效率可提高 4%"。

今后给电动汽车安装变速箱将从大型车开始，某汽车公司的技术人员认为"变速箱安装的分水岭是 C 级车"。

（久米秀尚　日经 ×TECH・日经 Automotive）

1.5 GPa 级冷冲压材料
——通过低成本的冷冲压方法将超高强钢用于车身骨架部件

技术成熟度　高　2030 年期待值　3.7

丰田汽车公司于 2021 年 10 月发布了新型 SUV "雷克萨斯 NX"，其车身框架采用了拉伸强度达到 1.5 GPa（Gigapascal）级的高强度钢板（冷冲压材料）。

一直以来，用于车身框架的 1.5 GPa 级高强度钢板都是使用热冲压材料。而随着技术的进步，1.5 GPa 级高强度钢板冷冲压方式也能用于原本难以冲压成形的部位，今后冷冲压材料可能会替代现有的热冲压材料。

常规操作中，1.5 GPa 级冷冲压材料会存在难以确保高尺寸精度的困

难。丰田汽车公司通过使用 JFE 钢铁公司开发的新冷冲压用钢板和金属成
形技术，克服了这一困难。据悉，这些使用新成形技术的框架结构件，由
生产汽车零件的太平洋工业公司负责制造。

丰田汽车公司的新款"雷克萨斯 NX"中央车顶部位钢板使用了
1.5 GPa 级冷冲压材料（图 4-8）。中央车顶与左右中柱相连，形成环状结
构的车身框架，环状结构不仅提升了车身框架的整体强度，也提高了应对
侧面碰撞的安全性能。

JFE 钢铁公司研发出可塑性好的冷冲压用 1.5 GPa 级高张力钢板和
"压力缓冲法"这一全新的金属成形技术。新钢板使用了该公司"水淬火
（WQ）方式的连续烧钝工艺"，使材料组织细致均匀，在保证成形性的同
时防止了因氢原子混入钢材而导致钢材强度下降的问题。

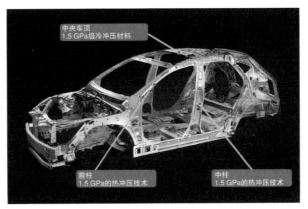

为了提高侧面碰撞时的安全性，并兼顾轻量化和降低成本，在中央车顶采用了 1.5 GPa 级冷冲压
材料，中柱和前柱采用了 1.5 GPa 的热冲压技术。

图 4-8　新车型的车身框架

（来源：日经 Automotive 以丰田汽车资料为基础制作）

新的金属成形技术是将冲压工序分为两部分。在第一道工序中，零件
的弯曲度比最终形状的弯曲度更大；在第二道工序中，将零件向相反的方
向弯曲，得到呈现出最终形状的零件。新工艺利用了金属材料特有的"包
辛格效应"，即在金属塑性加工过程中正向加载引起的塑性应变强化，导

致金属材料在随后的反向加载过程中呈现塑性应变软化（屈服极限降低）的现象。利用这种特性，可以减小冲压成形时的应力，降低冲压成形后为了恢复原来的形状而产生的回弹量，同时防止不同生产批次中材料强度差异导致尺寸精度降低的问题。

太平洋工业公司将 JFE 钢铁公司开发的新工艺应用于冷冲压成形的量化生产线。1.5 GPa 级冷冲压材料比目前主流的热冲压材料生产效率高出数倍，而且具有更低的生产成本。

（高田隆　日经 ×TECH・日经 Automotive）

小型电机总成
——身形紧凑的小型电机以超高速旋转

技术成熟度　中　2030 年期待值　8.7

丰田汽车公司旗下从事锻件等生产的爱知制钢公司正在开发电动汽车的主要部件"电机总成"。通过电机高速旋转，优化减速比，实现了电机总成的体积和重量都比同类产品降低 40%。此举减少了面临供应不足风险的电磁钢板等电动机材料的使用量。丰田汽车公司计划在 2030 年实现该电机总成的批量化生产。

在电动汽车中使用的电机总成是将电机、逆变器、齿轮箱（减速器和差动齿轮装置）一体化的高集成驱动模块。

为了实现电机总成的小型轻量化，爱知制钢公司将电动机的转速提高到了 34 000 rpm（转 / 分）（图 4-9）。电动机的输出功率由扭矩和转速的乘积决定，电动机的体积与扭矩的大小成正比。如果将转速提高一倍，只需 1/2 的扭矩就能获得相同的功率，从而将电动机的体积减小一半。

尺寸：长 345 mm、宽 386 mm、高 240 mm。最大功率为 90 kW。车轴上最大扭矩为 1850 N·m。

图 4-9　爱知制钢公司开发的电机总成

（摄影：日经 Automotive）

爱知制钢公司开发本部的野村一卫部长说："将 34 000 rpm 转速的电机应用到车辆上是世界首创。"现有的电动汽车驱动用电机最高转速也只比 20 000 rpm 略高，爱知制钢公司凭借强大的磁铁技术，成功研发出高速运转的电机总成，其中马达转子磁石用到了该公司与日本东北大学共同研制的钕（Nd）类各向异性磁铁粉末和绝缘体中的树脂混合材料（表 4-1）。

表 4-1　电动车轴马达中各材料的使用量

主要原材料	爱知制钢公司的产品	普通电机总成
电磁钢板	25	100
铜	30	100
磁石	30	100

来源：日经 Automotive 基于爱知制钢公司资料制作的表。

注：将普通电机总成作为对照值 100。将爱知制钢公司的产品和普通电机总成进行了一致的输出比较。

这种材料比一般转子使用的烧结磁铁电阻更高，可以减少高速旋转时产生涡流而造成的损耗。并且将该材料填充到转子中再施加磁场，就能实现一体成型，帮助电机高精度运转。爱知制钢公司将产品紧凑、轻巧化的目的之一是减少材料用量。该公司开发的产品与普通的电机总成相比，用于电机铁芯的电磁钢板量可减少75%，铜和磁铁的用量也分别减少了70%。

随着电动汽车的普及，电机的需求剧增，原材料的采购和价格变动将有一定风险，所以降低材料用量被提上日程。

根据美国标准普尔全球公司的汽车部门（原英国 IHS Markit 公司的汽车部门）的报告，用于电机铁芯的电磁钢板的供应在2025年以后会面临供应不足的风险。该公司估计缺口量到2027年会超过35万吨，到2030年可能超过90万吨。野村一卫部长认为，如果各汽车厂家增加电动汽车的销售量，届时除电磁钢板外，铜和磁铁均会成为被争夺的资源。因此，爱知制钢公司致力于开发节约原材料的小型电机总成，并计划在2022—2023年实现在车辆搭载。

（本多幸基　日经×TECH·日经 Automotive）

行人安全气囊
——使行人在车祸时免受头部冲击的"车外"安全气囊

技术成熟度　高　2030 年期待值　6.5

根据交通事故综合分析中心的调查，在日本国内导致行人死亡的交通事故中，大部分致命伤是由车身前方部位和行人头部碰撞造成的。因此，安全气囊巨头丰田合成公司已开始使用可以保护行人头部的安全气囊。

配备了该安全气囊的车辆与行人发生碰撞时，安全气囊会从发动机舱向车外展开，覆盖在前车窗下部和前柱等较硬的部位，保护与车身前方发生碰撞的行人头部，使其免受冲击。

丰田合成公司开发的行人安全气囊已在斯巴鲁公司 2021 年发售的新型 SUV "力狮、傲虎（Legacy、Outback）"车型中应用（图 4-10）。

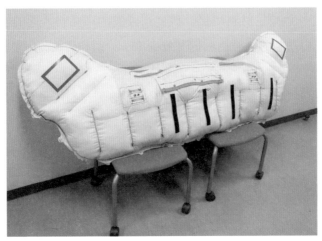

行人安全气囊容量为 130 L，重量约为 7.5 kg。为了应对碰撞位置的变化，该气囊被设计成大面积的形式。并且为了解决车祸中撞击时长不同的问题，其维持膨胀状态的时长是其他普通安全气囊的 3 倍左右。

图 4-10　丰田合成公司的行人保护安全气囊

（摄影：日经 Automotive）

行人安全气囊覆盖前柱的部分采用了"逆止阀结构"这一原创技术，该技术能让安全气囊的内压保持稳定。当前柱触到行人头部时气囊弹出，同时内部阀门关闭，防止空气流向安全气囊的其他部位，从而保持内压平衡。

沃尔沃在 2013 年首次使用瑞典的 Autoliv 公司生产的行人安全气囊。此次丰田合成公司通过逆止阀结构等技术应用，再次提高了安全气囊对行人的保护性能。

斯巴鲁公司积极引进行人安全气囊，在力狮、傲虎问世之前，早在 2016 年就已用于翼豹（Impreza）车型，在森林人（Forester）和 Levog 车型上，此类安全气囊也是标配。近年来，斯巴鲁公司推出了注重安全性能的 Eyesight 高级驾驶辅助系统（ADAS），预计今后也将继续配备有助于提高碰撞安全性能的行人安全气囊。

另外，有些日本汽车厂商为了减轻与行人相撞时对其头部的冲击，使用了"主动抬升引擎盖（Pop-up-Hood）"系统。当车辆检测到与行人发生碰撞时，瞬间弹起并抬升引擎盖，通过在引擎盖内部的坚硬发动机壳体和头部之间设置空间来减轻冲击。这一技术主要应用于引擎盖位置低且发动机空间较小的车辆上。

据交通事故综合分析中心介绍，与其他国家相比，日本交通事故死亡人数中行人死亡人数比例较高，且近六成死因是头部损伤。行人安全气囊在弹出时，会覆盖前柱等坚硬部位，因此在安全性方面要高于主动抬升引擎盖系统，在日本国内配备该气囊预期会有较好市场。

有关汽车评估的变化也会影响行人安全气囊的普及情况。欧洲从事汽车评估的"EuroNCAP"公司正在讨论对（自行车）骑行者的保护，预计2023年以后该标准将被添加到评估项目中。如果EuroNCAP中新增这个评估项目，日本的汽车评价体系J-NCAP可能也会追随引进，汽车厂商也会采取应对措施。为此，丰田合成公司改良了行人安全气囊，使其向上方延长。

行人安全气囊已经在测评中获得了一致好评。因为该安全气囊展开时，会覆盖在前车窗下部和前柱的部位，这些部位都是行人头部保护性能评估测试中的检测范围。因此，配备行人安全气囊的车辆和未配备的车辆在这一项目的评估得分上会存在显著差异。

目前使用的安全气囊的成本高也不容忽视，未来有可能通过简化其充气装置来降低总成本。随着ADAS传感器的升级，如果能够提前检测到与行人的碰撞不可避免，就可以延长安全气囊的膨胀时间。现有的行人安全气囊的充气装置则需要在碰撞后短时间内迅速膨胀。

（本多幸基　日经×TECH·日经Automotive）

驾驶员大脑功能下降预测装置
——预测驾驶员异常情况，减少交通事故

技术成熟度　中　2030 年期待值　20.9

交通事故大多起因于驾驶员的疏忽大意或状态异常。

马自达公司正在研发一种安全技术，当车辆检测到驾驶员的疏忽或异常状态时主动控制车辆，使其在保持沿原车道行驶的状态下逐渐停止，防止交通事故发生。

虽然汽车厂商正在大力研究在没有驾驶员介入的 L4 级、L5 级的完全自动驾驶中如何减少交通事故，但并不是所有车辆都能实现自动驾驶。

2021 年 1 月，马自达公司发布了驾驶辅助技术 "CO-PILOT"，名字源自飞机的副驾驶员（Copilot）。当系统检测到驾驶员在驾驶过程中出现晕倒或打瞌睡等异常情况时，可以辅助车辆安全停下。

马自达公司在现有的高级驾驶辅助系统（ADAS）"i-ACTIVSENSE" 的基础上增加了 CO-PILOT 技术，将在 2022 年上市的基于全新平台 "Large" 的车辆中使用 CO-PILOT 技术 "1.0 版"，计划在 2025 年以后投入升级的 "2.0 版"（图 4-11）。

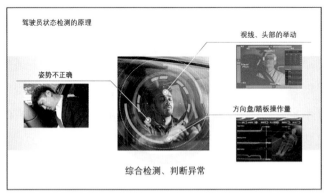

图 4-11　驾驶员状态监测的原理

（来源：马自达）

CO-PILOT 技术的 1.0 版可以监测到驾驶员晕倒等异常情况。2.0 版将采用独特的算法来预测驾驶员大脑功能下降的异常情况。如果能在发生异常之前就采取措施避开危险，就能进一步提高安全性。

据马自达公司介绍，在由驾驶员状态异常引起的事故（内因性事故）中，90% 是由癫痫、脑血管疾病、低血糖、心脏病引起的，而这些疾病通常都伴随着大脑功能的下降。马自达公司基于 3 种算法开发了预测大脑功能下降的技术。

一是利用驾驶操作的算法，通过方向盘和踏板的操作量与平时驾驶操作量之间的差异来推测大脑功能是否下降；二是观察驾驶员头部的动作，通过头部晃动来预测异常；三是根据视线和行为对特定位置的偏好来判断是否异常。

马自达公司的技术人员解释说，"大脑功能下降时人的视线会无意识地集中到颜色和亮度等与周围环境不一致的地方"。正常状态的司机会有意识地将视线集中在后视镜或仪表盘上，如果大脑功能下降，这一倾向则会减弱。马自达公司运用分辨率相当于 VGA（约 30 万像素）的前置摄像头影像，制作出将无意识的视线方向可视化的"显著图（Saliency Map）"，并结合驾驶员的视线方向判断驾驶员的大脑状态。（关于"显著图"，请参考本书介绍的第 94 项技术）

"Saliency"可译为"显著性"。若驾驶员的视线集中在显著性高的地方，则可以判断出其大脑功能可能在下降。另外，可以利用已有的驾驶员监测器来监测驾驶员的视线变化。

马自达公司的技术人员介绍说，预测驾驶员异常状态的技术已具雏形，今后的任务是收集更多驾驶实验的数据。另外，大脑功能低下的情况在实际驾驶中并不多见，所以在进行驾驶实验时需要脑部疾病患者的协助。在制作显著图和判定异常时还需要进行海量数据的计算，这也是研发中的难题之一。

马自达公司商品战略本部的技术企划部调查主任枥冈孝宏表示，如果能够预测驾驶员的异常情况，"将有可能减少 30% 的死亡和重伤事故"。

日本人口老龄化日益严峻，高龄驾驶员引发的交通事故已成为重大问题。

采用完全自动驾驶技术的车辆在公共道路上自由行驶的时代还遥遥无期。我们应该积极利用现有技术减少交通事故的发生，像 CO-PILOT 这种将驾驶员的异常监测和自动避险功能相结合的方式也许更为有效。

（清水直茂　日经 ×TECH，

高田隆　日经 ×TECH·日经 Automotive）

充电公路
——利用道路与路灯为行驶中的车辆供电

技术成熟度　中　2030 年期待值　28.5

充电公路是可以为道路上行驶的电动汽车自动充电的供电系统。目前的设想方案是使用在道路上铺设的线圈进行电磁感应供电，或者利用激光的无线供电技术。如果这些技术能够投入使用，将会进一步推动汽车向电动化转型和发展。

电动汽车和无人驾驶汽车的普及是大势所趋，2022 年涌现了很多基于路面设施的新技术，如给行驶中的汽车进行非接触供电、提供车载传感器无法检测到的信息等。

电动汽车要解决的一个重要问题是充电。与燃油车加油相比，电动汽车充电耗时更长，而增加充电站并不能解决这一问题。电力公司和电机厂家等都在努力研发电动汽车行驶途中的供电技术，认为这是解决电动汽车充电难题的关键。

2021 年 11 月，关西电力、DAIHEN、大林组 3 家公司联合开发的供电系统开发方案，已获新能源产业技术综合开发机构（NEDO）的资助立项。该方案是在等待信号灯等车辆停留时间较长的十字路口前埋设线圈，通过电磁感应给车辆供电。3 家公司已经检测了线圈发出的电磁场对周围的影响，验证了该系统的安全性。接下来他们将论证线圈的最佳埋设位置，并进行耐久性评估。

这 3 家公司不仅研发供电系统，还将开发城市全域能源管理系统来协调供电（图 4-12）。该管理系统利用太阳光等可再生能源，监测电池剩余量，并根据车辆位置信息发出供电指令。

日本国土交通省也宣布，将由国土技术政策综合研究所与汽车厂家、高速公路公司、电机制造商等 27 家公司共同开展关于自动驾驶与智能道路的合作研究，研究主题是与汽车定位相关的辅助信息及信息预报。

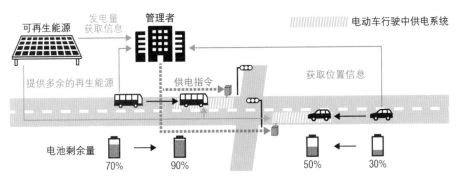

图 4-12 关西电力、DAIHEN、大林组共同参与开发的能源管理系统

（来源：日经建造根据关西电力、DAIHEN、大林组 3 家公司的资料作图）

在汽车定位方面，需要设置路面标识和区域画线，帮助车载传感器确定自身位置。信息预报主要是提前告知隧道出口附近的风速和路面状况等信息，目前正在确定何时需要提前推送信息，以及提前推送信息的内容。

东京工业大学的宫本智之副教授提出了用功率达千瓦级的高功率激光，向行驶中的电动汽车输送电力的无线供电技术（图 4-13），其原理是将高功率激光等照射在光伏板上，经过光能转化成电能实现无线供电。

宫本副教授一直在研究使用功率为数瓦至数十瓦的面发光激光器（Vertical Cavity Surface Emitting Laser）为无人机等设备供电的技术。他在 2020 年 5 月的汽车技术会上分享了此项研究成果，认为未来可以将功率提高到千瓦级，这样就可为行驶中的电动汽车供电。宫本副教授充满信心地说："如果是给在自动化水平较高的工厂内行驶的无人搬运车（AGV）

供电的话，此项技术 5 年内就可以投入使用。"虽然此项技术的供电效率不及电磁感应方式，但激光无线供电的供电距离为数十米到数千米，具有更大优势。激光无线供电的原理是激光可以笔直地射到很远的地方，而且可以用反射镜随意改变激光方向。未来可以在路灯上安装激光光源，通过摄像头等检测车辆的移动，向行驶中的车辆照射激光并供电。

能随意改变供电方向；在电灯上安装一个供电装置就能实现大范围供电；安装费用可控。

图 4-13　用激光无线供电方式为智能手机、无人机及行驶中的电动汽车充电

（插图：楠本礼子）

激光无线供电的实用化将先从几瓦级的低功率应用开始。以色列的 Wi-Charge 公司希望在未来几年内实现用功率为数瓦的红外线激光向 4 m 外的智能手机供电，最近该公司还与 NTT DoCoMo 公司达成了合作协议。

宫本副教授认为，如果将来激光无线供电技术提高到数百瓦功率，基于激光方向可变且能远距离供电的特点，可以在空中飞行的无人机上使用此技术。

现在还无法预测何时能将激光无线供电技术提升到千瓦级，但在技术层面是可行的。目前 10 kW 级的高功率激光已经进入了实用阶段。据悉，美国国防部高级研究计划局（DARPA）正在开发 100 kW 级的激光。

目前已有基于激光输出功率的安全标准，而激光无线供电实用化的最大问题是如何确保供电过程的安全性，研究者必须解决照射激光时需要避

开人这一技术问题。如果结合感测技术，可以较为容易地从光源部分改变激光方向，以免照射到人，但同时也必须考虑到反射光问题。

[青野昌行　日经建筑（Construction），

奥野庆四郎　自由撰稿人，

立野井一惠　自由撰稿人，

久保田龙之介　日经 ×TECH · 日经电子]

AI 驾校
——利用 AI 技术评价人的驾驶技能

技术成熟度　中　2030 年期待值　2.6

目前研究人员正在研发全新的汽车驾驶教学系统，该系统引入了自动驾驶中的 AI 技术。当学员驾车在驾校内转弯，以及在 S 形弯道、坡道上行驶时，安装在车上的传感器可以检测到车辆行驶的位置和学员的驾驶姿势，同时利用 AI 技术进行相应的语音指导。

近年来，驾校经营者因教练不足而倍感困扰。当他们和驾校的教练一起在现场观摩过这项技术演示后对此给予很高的评价，如果这项技术能够投入使用，将成为世界首创。

研发自动驾驶技术的提雅智行（TIER IV）的村木友哉团队开发了基于自动驾驶技术的 AI 驾驶培训系统。2020 年 9 月，在福冈县某驾校的教练场上举行了面向驾校经营者和驾校教练的现场演示会，会后不少观众表示："没想到 AI 对驾驶技术的判别精度如此之高，应该很快就能投入使用。"

驾校相关人士的赞许和鼓励让村木友哉深受鼓舞，他确信"AI 也能成为驾校教练"。

AI 驾驶培训系统包括教练车上的激光雷达（红外线激光雷达）等传感器和通过 AI 技术判断学员驾驶技能的 AI 教练。激光雷达是教练的"眼睛"，而自动驾驶 AI 则是教练的"大脑"。AI 系统将学员的实际驾驶与自动驾驶系统计算出的转向等操作量的差别进行比较，以此判断学员的驾驶技能是否过关。

2019 年末，公司任命村木负责 AI 驾驶培训系统的研发工作，此时据他从 IT 企业的软件工程师岗位进入提雅智行还未满两个月。公司领导对他说："如果开发出 AI 驾驶培训技术，将实现此领域零的突破。"这句话点燃了村木的干劲。

村木的团队里还有来自名古屋大学孵化的自动驾驶行业初创企业 Breinfo 公司的成员。目前 AI 驾驶培训系统的基础部分已经完成，团队正在开发驾校的实际操作系统（图 4-14）。团队除了分析学员的踩油门及转向等动作，还要结合激光雷达数据和地图信息等综合判断学员是否有车辆控制失误、急剧加速、不看信号灯等问题。目前团队已经基本完成驾驶技能评估系统。

图 4-14　配备了"AI 教练"的教练车

（来源：日经 ×TECH）

但是，AI 教练也有不足之处。"是否进行了目视检查"是驾照考试中重要的打分项，所以需要安装专门用于检测司机面部朝向的系统，但当时用来开发 AI 驾驶培训系统的计算机并未配备用于面部识别的 GPU。因此要在车内单独设置 GPU，使用汽车电池供电并启动。

在系统开发的过程中，村木团队收到了 Autoware 平台的升级通知。

Autoware 是 TierIV 等公司开发的自动驾驶操作系统，也是 AI 驾驶培训系统的开发平台。此次 Autoware 升级是为了解决获取信号灯和道路画线信息的问题，将高精度地图（地物信息）进行格式化。

因为此次平台升级，开发团队又重新制作了地图，确认是否可以推算汽车位置，重新评估驾驶评价系统的精度是否会因升级而发生变化。经过团队成员不分昼夜地努力，终于得以在预定的时间举行产品演示会。

AI 教练还有一个难以解决的问题：因为自动驾驶和 AI 的使用与人们的生活息息相关，所以相关规定也比较严格。依据现行的道路交通法，只承认具有资格认证的驾校教练，并且只有学员在教练同车陪同指导的方式下学习期满方能参加考试，通过考试后才能领取驾照。

目前，村木团队正在日本关东地区（公安委员会）的认证驾校进行 AI 驾驶培训系统测试，在认证驾校可以参加实习驾照的驾驶技能考试，而只有取得实习驾照才能上路练习，参加路考，最终获得正式驾照。所以如果 AI 驾驶培训系统的实力得到驾校的认可，也许会推动法律相关条款的修改。

2021 年，提雅智行与经营驾校业务的天键电声公司共同出资成立了一家名为 "AI 驾校" 的新公司，公司主营业务为 AI 驾驶培训系统的销售，村木也位列该公司的高管。福冈县大野城市的南福冈驾校从 2022 年开始利用 AI 驾驶培训系统，针对已经取得驾照的人士开展 "AI 陪练" 业务。

（久保田龙之介　日经 ×TECH・日经电子）

空中汽车
——可以像汽车一样方便驾驶的电动飞机

技术成熟度　中　2030 年期待值　23.7

可以乘坐数人的电动垂直起降（eVTOL）飞行器因其前所未有的可移动性受到了社会的广泛关注。eVTOL 飞行器在同等距离下用时仅为汽车的几分之一，因此有望解决城市交通堵塞问题。

与飞机相比，eVTOL 飞行器像搭乘汽车一样方便，因此也被称为"空中汽车（Flying Car）"。未来它将主要应用于"城市空中交通"（Urban Air Mobility，UAM），成为城市里的"空中出租车"。

eVTOL 飞行器使用电力供能，不仅可以减少温室气体的排放，而且可以通过提升动力效能、简化构造、易于维护等措施降低成本。如果实现无须驾驶员的自动飞行，那么运输成本将远低于直升机。

eVTOL 飞行器预计在"2025 年日本大阪·关西世博会"正式亮相。2025 年日本世界博览会协会将在大阪市梦洲的世博园区西北角设置名为"移动体验"的区域。在运营商的协助下，该区域将建成离着陆设施、维修保管库和参观区域。在 2025 世博会上游客们可以乘坐多种多样的空中汽车进行游览飞行，也可以乘坐空中汽车从机场、市区往来于博览会园区（图 4-15）。

机种名称：Joby S4
企业：美国 Joby Aviation
荷载人数：5人
类型：推力偏转
型号证明：FAA，计划2023年末启动

机种名称：VoloCity
企业：德国 Volocopter
荷载人数：2人
类型：多功能直升机
型号证明：EASA，计划2023年左右启动

机种名称：VX4
企业：英国 Vertical Aerospace
荷载人数：5人
类型：推力偏转
型号证明：EASA，计划2024年启动

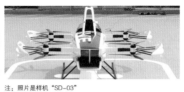

注：照片是样机"SD-03"
机种名称：SD-05
企业：SkyDrive
荷载人数：2人
类型：多功能直升机
型号证明：国土交通省，计划2025年初启动

图 4-15　预计在大阪关西世博会上参与飞行的部分飞行器

（来源：日经 ×TECH 根据各公司图片制图）

根据大阪府 2022 年 3 月发表的"大阪发展路线图",2025 年前后空中汽车将由取得飞行执照的驾驶员驾驶,在限定的航线上定期飞行;2030 年左右,将提高自动化的比例,实现远程操控,无须驾驶员同机;2035 年后将完全摆脱人为操控,实现完全自动飞行,并进行高频次的飞行运营。

矢野经济研究所于 2022 年 5 月发表了对 eVTOL 飞行器的全球市场规模预测,预计 2025 年市场规模为 146 亿日元,2030 年为 6.39 万亿日元,2035 年为 19.58 万亿日元,2050 年将增长到 122.90 万亿日元。需要指出的是,目前汽车产业的全球市场规模为 400 万亿日元。但我们也应认识到实现该技术的商业航运还要解决很多问题。例如,取得机体适航证明、规范飞行执照的发放及审核流程、建设 eVTOL 飞行器专用机场、完善相关法律法规及提高社会接受度等。

依据现行法律,没有取得适航证明的机体只能进行飞行演示,不能进行商业航运,但是在 2025 年世博会召开之前,能够取得适航证明的 eVTOL 飞行器很少。欧美业界人士称,德国 Volocopter、美国 Joby Aviation、英国 Vertical Aerospace 公司等少数几家头部飞行器公司有望于 2024 年左右获得适航证明。

日本航空(JAL)委托新能源产业技术综合开发机构(NEDO)进行的"空中汽车的先导调查",对可搭乘 2 ~ 5 人的 eVTOL 飞行器的运输服务进行了相关调查和测算(表 4–2)。

该调查主要测算了 2 条航路的人均运费、旅客人数和投入运营的飞行器数量。第一条为城市空中交通路线:从大阪国际(伊丹)机场到市中心的南海电铁难波站,直线距离为 14.4 km;第二条为连接区域中的观光景点:从三重县鸟羽市的旅馆街到答志岛,直线距离为 9.6 km。

表 4-2 JAL 进行的操作体制及商业模型调查的部分结果

路线	飞行器类型	时期	每千米单价 / 日元	运费总额 / 日元	年预计使用人数 / 人	运营数量 / 台
大阪伊丹机场至难波站路线（直线距离 14.4 km，搭乘率 100% 的情况下）	大型飞行器	初始期	700	10 100	47 393	4
		成熟期	400	5800	163 343	11
	小型飞行器	初始期	1900	27 400	18 489	5
		成熟期	400	5800	163 343	22
鸟羽市旅馆街至答志岛路线（直线距离 9.6 km，搭乘率 100% 的情况下）	大型飞行器	初始期	1700	16 200	11 776	1
		成熟期	700	6700	57 887	4
	小型飞行器	初始期	2700	25 800	8171	2
		成熟期	600	5700	61 216	8

来源：日经 ×TECH 基于日本航空的调查结果作表。

注：据设想，大型飞行器可搭乘 4 位乘客，小型直升机可搭乘 1 位乘客。

NEDO 根据客流量数据和问卷调查等，计算出每条路线的运费（每千米单价）、预计使用人数、为满足运营需求要投入的飞行器数量及航运成本，进而比较了预期销售规模及盈利性。

如果要实现盈亏平衡，使用大型飞行器（可搭乘 4 名乘客），则大阪伊丹机场到难波站的路线在初始期价格为 10 100 日元，成熟期为 5800 日元；鸟羽市旅馆街到答志岛的路线初始期价格与成熟期价格分别为 16 200 日元和 6700 日元。预计将来 eVTOL 飞行器的运费将会降低至出租车的水平，航行时间也会大幅缩短，空中汽车未来可期。

（内田泰　日经 ×TECH·日经电子，

根津祯　日经硅谷分社）

太空运输
——通过小型火箭向太空运送物资

技术成熟度　低　2030 年期待值　7.2

太空产业得以发展的一个重要因素是运输系统的扩张。不论是使用人造卫星开展通信服务，还是对月球和火星等进行勘探，首要条件都是将物品或人员从地面运送到太空中。如何实现廉价、高效的运输，是发展太空事业的关键。

私营的火箭公司正在开发向太空运送物资的火箭。日本的本田公司等企业也表示要参与"小型火箭"的开发，以期拓展新领域（图 4-16）。

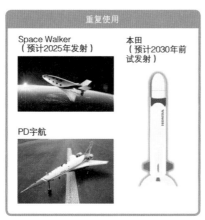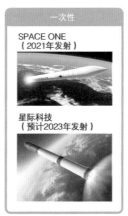

各家公司以是否重复利用火箭的第一级决定了各自不同的发展路径。

图 4-16　致力于火箭开发的日本企业案例

（来源：日经 ×TECH 基于各公司图片制作）

2021 年 9 月末，本田公司宣布将开发运送小型卫星的小型火箭，预计将于 2030 年后投入运营。小型火箭对运载设备的限制较小，因此可以直接进入目标轨道。若用运送快递来比喻，就像快递员骑着电动车配送，而非开着卡车运货。日本卫星行业相关人士表示，在日本本土发射小型火箭具有很大优势。如果在其他国家的发射场发射，办理相关手续需要很长时间，并且运送卫星和发射费用也比较高昂。

小型火箭大致分为两种类型。一种是可重复使用的火箭，另一种则是现有的发射后即废弃的火箭。可重复使用火箭是让火箭的第一级返回地面，实现回收使用。

火箭的回收方式一般分为垂直着陆回收方式和着陆时像飞机一样降落在跑道的带翼飞回回收方式。带翼式的重复使用火箭在 100 km 高空返回，无须考虑重新穿过大气层的问题，成本非常低。

在日本，Space Walker、PD 宇航、本田等公司在研发可重复使用火箭；星际科技和太空一号等公司则主要研发一次性火箭。

在美国，SpaceX 公司和蓝色起源公司等已经频繁地发射大型火箭，私营企业之间正在展开竞争。

（内田泰　日经×TECH·日经电子）

太空垃圾清除技术
——小型卫星用磁力捕获火箭残骸等太空垃圾

技术成熟度　低　2030 年期待值　17.2

目前，将专用的人造卫星发射到地球低空轨道，利用磁力清除"空间碎片"（太空垃圾）的技术正在研发中。

随着私营企业不断进军太空领域，太空垃圾问题日益严重。国际上虽然已经公布了行动纲领，但还没有制定出明确的规则。

太空行业的初创公司 Astroscale 公司开发了利用小型卫星清除太空垃圾的技术，并持续进行实验研究。2021 年 3 月，该公司发射了小型卫星"ELSA-d"以进行相关的技术检测。

在 2021 年 8 月的实验中，研究团队利用 ELSA-d 成功捕获提前释放到太空中的模拟碎片。模拟碎片上装载着磁性圆板——"对接板"，捕获卫星接近这些碎片时利用磁力作用对其进行吸附（图 4-17）。

图 4-17　ELSA-d 的飞行模型

（来源：Astroscale 公司）

　　Astroscale 公司还在进行相关测试，计划于 2024 年正式推出清除太空垃圾的商业服务。目前 ELSA-d 的工作原理是用一颗卫星去除一块空间碎片，但在商业化应用时将使用一颗卫星去除多个空间碎片的商用卫星"ELSA-M"。Astroscale 公司的总经理伊藤美树在谈及今后的目标时说："2030 年将会进一步普及清除太空垃圾，并提供在太空中向卫星补给燃料等轨道服务。"

　　据欧洲航天局（ESA）2021 年 9 月 20 日公布的数据，太空垃圾的问题极其严重，目前太空中约有 36 500 个直径为 10 cm 以上的空间碎片，100 万个直径在 1 ~ 10 cm 的空间碎片。

　　这些空间碎片一边旋转，一边以 8 km/s 的速度移动，就像道路上有各种各样移动着的障碍物一样。碎片之间还会发生碰撞后解体，导致碎片不断增加。太空垃圾的问题日益严峻，会严重妨碍被视为太空产业增长核心的地球低空轨道上的经济活动。今后我们不仅要清除太空垃圾，还要完善航行规则以避免与太空中的碎片碰撞。我们还应改进火箭和卫星的设计，不能让它们完成使命后变成太空垃圾。

　　处理地面上的垃圾需要一定的规则，清除太空垃圾同样也需要制定国际规则。虽然 2002 年机构间空间碎片协调委员会（IADC）、2007 年联合国和平利用外层空间委员会（COPUOS）分别提出并通过了清除太空垃圾的行动纲领，但之后并无实质性进展，这项工作近年来终于开始有所行动。

（内田泰　日经 × TECH・日经电子）

低轨道卫星系统
——建立非地面系统的卫星通信网络

技术成熟度　中　2030 年期待值　6.9

智能手机和个人电脑等要连接到互联网，通常需要使用设置在铁塔、水泥柱、楼顶等地的基站作为通信载体。而在无法接收基站电波的海面或基础设施不完善的地区，则可以使用非地面网络（Non-Terrestrial Network，NTN）。

目前，NTN 的构建工作正在推进中，人们将人造卫星发射到距地球表面 2000 km 以下的轨道，通过低轨道卫星系统获取数据通信。

日本的 Scaper JSAT 公司和 Pasco 公司均主营非地面系统的网络业务，这两家公司于 2019 年 3 月开展业务合作，利用国内外低轨道环绕卫星对地球进行观测，并面向通信运营商，利用卫星地面基站提供数据收发服务，扩大业务范围。

国际上，美国全能空间公司（Omnispace）和法国泰勒斯阿莱尼亚航天公司（Thales Alenia Space）也正在积极建设非地面系统网络。2022 年 5 月，世界首颗支持 5G 通信的卫星"Omnispace Spark-2"发射成功（图 4-18）。两家公司进行的支持 5G 通信的 NTN 计划"Omnispace Spark"项目已完成导入，目前在进行相关的开发和测试，希望早日实现应用。

全能空间公司表示，全球规模的 NTN 项目投入使用后，将实现全世界超过 10 亿用户接入 5G 网络。这一项目作为支撑 21 世纪数字经济的通信基础设施，未来将促进全球移动通信运营商及其合作企业、客户的持续创新。

图 4-18 5G 通信卫星"Omnispace Spark-2"发射

（来源：全能空间公司）

（长谷川博 日经 × TECH·日经新媒体，

加藤树子 撰稿人）

天地往返航天器

——实现近地轨道上"自动驾驶"旅行

技术成熟度 中 2030 年期待值 5.8

美国私营企业正在研发在近地轨道上可以自动控制飞行的往返航天器。

随着私人太空旅行的多次成行，近地轨道卫星迅速增加，2022 年开启了正式的探月计划，这些太空商业项目被视为高增长产业，太空商业之门正徐徐开启。

宇航员若田光一曾多次参加日本宇宙航空研究开发机构（JAXA）的航天任务，他说："2021 年是民间太空旅行元年。"2021 年 9 月，美国 SpaceX 公司成功完成了 4 名民间人士的太空旅行"Inspiration4"，其后又有多次私人太空旅行成功实现。

对这一动向，若田认为："JAXA 一直希望近地轨道能变成未来的经济活动领域，私人太空旅行的规模不断扩大将对此起到推动作用。同时各家公司充分进行市场竞争，最终将降低太空运输成本，为近地轨道的经济活动发展创造条件。"

近地轨道一般是指在距离地表 2000 km 以下的轨道空间，私人太空旅行就在近地轨道空间进行。Inspiration4 使用的航天器"龙飞船"（Crew Dragon）与其他航天器相比，应用自动驾驶的范围扩大了许多。

若田先生指出："美国蓝色起源公司的航天器 New Shepard 也是全自动驾驶，乘坐者无须进行操作。今后，天地往返航天器将以完全自主航行的方式实现近地轨道的安全飞行。当然，为了达到这一目标要进行反复测试，保证航天器在各系统不能正常运作的情况下仍能维持安全航行。"

目前，普通人参加 Inspiration4 空中旅行，需要接受约 5 个月的训练。但如果天地往返航天器可自主运行，那么参加近地轨道空间的民间太空旅行时，可能就无须进行特别训练了。若田认为，由于天地往返航天器的出现，"太空旅行对很多人来说不再遥不可及，这将最终促进载人航天的高效发展。"

除了近地轨道的私人太空旅行，各国还致力于"探月计划"。月球距离地球 38 万千米，对月球的勘探和开发也伴随着更大的风险。2019年 5 月，美国宇航局（NASA）发表了"阿尔忒弥斯计划"（Artemis Program）。这是一个由美国政府主导，私营企业共同参与的项目。根据该计划，2025 年将实现载人登月，之后通过建设月球轨道空间站"Gateway"向月球运送物资。Gateway 空间站作为前哨站点，其规模比国际空间站（ISS）要小很多。日本在 2020 年 12 月以政府名义签署了日美间绕月载人基地谅解备忘录，标志着其正式加入该计划。

若田认为在 Gateway 空间站的筹建阶段，日本作为阿尔忒弥斯计划的合作伙伴，与美国、欧洲、加拿大共同参与并做出贡献是十分重要的。

在此计划中，日本主要在载人宇宙技术领域对月球勘探做出贡献，具体包括深空补给技术、载人宇宙停留技术、重力天体起落技术、重力天体探测技术。

另外，若田先生还补充道："在初期阶段，Gateway 空间站将建设生命支持及环境控制系统的单元。其中小型居住舱、国际居住舱等模块的建设有望采用日本的载人驻留技术。"

月球勘探也有可能像私人太空旅行一样，参加者不经过训练就能前往吗？对于这一问题，若田回答道："月球勘探是一项充满未知性的任务，需要接受过专业训练的宇航员操作专业设备，发挥主体性作用，以此扩大人类的活动领域。只有完成这些任务后，航天器运用的自动驾驶和自主飞行才会被列上日程。"

可以预测，2022 年以后近地轨道上的经济活动将越来越活跃。虽然日本起步较晚，但若田表示："日本可以发挥在各个领域的技术优势，将其转换为太空商机。例如，目前国际空间站中使用的相机几乎都是日本制造的。在月球勘探方面，日本汽车厂商长期以来积累的优秀技术也有用武之地。"

（内田泰　日经 ×TECH·日经电子，

中道理　日经 ×TECH·日经电子）

第五章

建筑与土木工程

数字孪生防灾
——运用 3D 技术重现城市与设施　预测灾害发生

技术成熟度　中　2030 年期待值　24.0

数字孪生是将现实世界完全映射到虚拟空间的仿真技术。该技术可以应用在生产设备维护及建筑物管理方面，具体做法是通过传感器和摄像头获取信息，将现实空间的变化逐一映射到虚拟空间。

日本国土交通省主导的"Project PLATEAU"、鹿岛建设公司研发的"人、热、烟耦合逃生模拟器 PSTARS"等项目体现了将数字孪生应用于防灾领域的趋势。

东京海上日动火灾保险公司和应用地质公司，正在开发基于防灾物联网传感器的防灾减灾服务。

东京海上日动火灾保险公司在福冈县久留米市的 2 家分公司使用了应用地质公司生产的浸水传感器，该传感器上设置了 3 段式水位报警装置。在 2021 年 8 月的暴雨中，当降雨量达到 72 mm/h 时，第一段 4 cm 高度的传感器和第二段 45 cm 高度的传感器都监测到水位达到预警高度。传感器得到的数据与实际的积水状况和积水深度一致，传感器检测到积水情况后也瞬时向相关人员发送了预警信息。

两家公司还将传感器收集的数据和日本国土交通省主导的城市 3D 模型"PLATEAU"结合起来，为用户提供更为直观的信息。即将传感器监测到的水位数据利用城市 3D 模型进行可视化展示，显示积水状况（图 5-1）。

今后，东京海上日动火灾保险公司将利用人造卫星的合成孔径雷达（Synthetic Aperture Radar，SAR）图像和 AI 技术等，及早掌握积水区域，帮助工作人员迅速核定水位。而通过浸水传感器得到的数据则有望用来修正卫星数据，提高图像解析精度。

在福冈县久留米市设置的传感器检测到 45 cm 高水位时的样子。

图 5-1　在城市 3D 模型中模拟水灾状况

（来源：应用地质公司）

　　为了研究火灾场景中瞬息万变的热浪和烟雾如何影响人们的逃生行为，鹿岛建设公司研发出一套仿真模拟系统。此项研究的意义在于今后设计和建设大规模的商业设施和铁路设施时，需要充分考虑安全性，帮助人们在火灾等意外场景顺利逃生。这套名为"人、热、烟耦合逃生模拟器PSTARS"的系统以建筑物数据和热、烟的实时数据为基础进行模拟逃生实验。

　　2021 年起，该实验引入了美国微软公司的头戴式混合现实设备HoloLens2。当实验人员戴上 HoloLens2 时，能看到真实建筑构造的三维影像，可以在虚拟空间参与仿真的火灾逃生实验。

　　鹿岛建设公司准备在建筑物的设计阶段就使用 PSTARS 系统，通过建筑 3D 模型的建模数据，进行仿真模拟实验，确认火灾发生时该建筑物内的人是否能顺利逃生。鹿岛建设公司将分析这些仿真实验数据，根据具体情况采取措施、改进设计，让建筑设施更加安全（图 5-2）。

图 5-2 "人、热、烟耦合逃生模拟器 PSTARS"应用画面示例

（来源：鹿岛建设公司）

另外，从对 1000 名商务人士调查的 2030 年新技术期待值来看，对防灾数字孪生技术的期待值为 24.0。在 2021 年出版的 100 项新技术中，对 PLATEAU 技术及其作为"城市 3D 模型"项目应用期待值为 12.5。

[真锅政彦　日经 ×TECH·日经建筑（Construction），

贵岛逸斗　日经 ×TECH·日经计算机]

城市智能中枢系统
——支撑智慧城市的数字基础

技术成熟度　中　2030 年期待值　20.7

城市智能中枢系统（简称"城市 OS"）是指可以提供横跨结算、能源、医疗、行政等多个领域的数据流通和服务的基础系统。城市 OS 主要用于收集和分析物联网设备数据，以及在城市内部和城市间连接服务和数据。

福岛县会津若松市因引进了城市 OS 而引发热议。会津若松市、会津大学及埃森哲公司合作引进了城市 OS，通过这一举措，未来可以为每一位居民提供全流程信息的行政服务。

城市 OS 采用"Opt-in（选择性加入）方式"，即在市民同意的基础上收集并使用数据。如今提供个人信息的 ID 注册者已超过 1.1 万人，收集到的个人信息由市内企业和医院等设立的"一般社团法人智慧城市管理委员会"进行管理，该组织还负责城市 OS 的运营和具体实施。目前，除了会津若松市，奈良县橿原市、千叶县市原市、宫崎县都农町、冲绳县浦添市也引进了城市 OS。

在神奈川县藤泽市，松下集团参与了"藤泽可持续智慧城市（Fujisawa SST）"建设，其中的"城市公共平台"也可以被称为城市 OS（图 5-3）。2020 年 3 月，该平台的数字中枢更新为埃森哲公司开发的系统，可以在平台上实现识别市民身份 ID 认证、收集家庭和设施信息等功能。此系统已在会津若松市应用，并能与许多应用程序关联。

图 5-3　提供市民服务的"城市公共平台"

（来源：日经 ×TECH 基于索尼资料制作而成）

松下集团一直致力于独立研发城市公共平台，开发出的平台也有多种多样的功能，但考虑到未来能够更便捷地运营服务，最终决定更新为埃森哲公司开发的新系统。

此外，JR 东日本铁路公司在 JR 高轮门户车站周边开展了城市建设项目"高轮 gateway 城市（暂称）"，此项目中也会安装城市 OS，旨在整合城市的各种信息，提升城市的便利度。

（野野村洸、川又英纪、外园佑理子　日经 ×TECH）

IoT 住宅
——自动掌握居住成员的健康状况及能源利用情况

技术成熟度　高　2030 年期待值　23.5

硅谷的初创公司 HOMMA 公司运用传感等技术，打造"全屋智能"概念住宅。该公司收集并分析了住宅内传感器监测到的居住者日常活动及行为等数据，根据分析结果实现住宅内各种设备的自动精准调控。公司还计划将监测到的数据与修理、清扫、商品配送、外卖等服务相结合。

HOMMA 公司创立于 2016 年，创始人本间毅曾在索尼集团负责新业务开拓工作，还曾担任过乐天集团的高管。公司在住宅设计、收纳、空间布局的基础上，通过引入 IoT 技术，希望将房屋的智能设计做得像特斯拉汽车一样，可以根据数据自动升级。

为了实现这一目标，HOMMA 公司与松下集团、雅马哈公司、爱丽丝欧雅玛公司、城东技术公司等日本的住宅设备制造厂商开展合作，HOMMA 公司主要负责开发控制家用电器及设备的软件。

HOMMA 公司于 2020 年 6 月建造了新概念住宅"HOMMA ONE"。该住宅面积为 4000 平方英尺（约 370 m^2），这在美国也堪称大型住宅。客厅的一角设有可以使用电脑的工作间，在这里工作时不仅可以看到客厅里欢聚的家人，还能照看旁边游戏室里的孩子。

人们踏进房间的那一刻，屋内传感器就会感应到，并自动开启通道和居室照明。如果系统判断人不在房间，灯光会随之熄灭。房屋大门则可以通过智能手机应用程序上锁或开锁，还能通过手机确认房间的照明状况，进行开关灯的操作。

凝聚了诸多科技成果的 HOMMA ONE 最终以 200 万美元的价格售出，这也刷新了该区域过去 14 年的房价。本间毅从 HOMMA ONE 项目中获得信心，又在波特兰修建多户式住宅项目"HOMMA HAUS Mount Tabor"，该项目将于 2022 年 3 月开放出租（图 5-4）。

拍摄时尚未完工。

图 5-4　HOMMA HAUS Mount Tabor

（来源：日经 ×TECH）

HOMMA HAUS Mount Tabor 由 6 栋两层的联排（Town House）样式的楼组成，户均面积约 1150 平方英尺（约 107 m²），总计 18 户。房屋租金每月 3000 美元左右，比该地区平均租金高出 1 ~ 2 成。

HOMMA HAUS Mount Tabor 继续沿用了 HOMMA ONE 中的技术，为了保证通信质量的稳定，还将住宅中连接通信中枢（计算机）和传感器等设备的移动网络从"Z-Wave"改为"ZigBee"。

室内和浴室的主要 LED 照明及无线照明控制系统，使用了爱丽丝欧雅玛公司的产品，可以通过通信中枢向系统发出指令。HOMMA 的全屋控制系统将这些电器设备与移动网络技术整合在一起（图 5-5）。

本间毅表示，今后将把 HOMMA ONE 和 HOMMA HAUS Mount Tabor 项目中研发的软件和积累的经验以平台形式授权给外部的房屋建筑商和开发商，以扩大事业规模。授权业务将从美国开始，希望将来在日本也能开展此业务。期待在 10 年后该业务能覆盖数十个社区。

打开照明时。

图 5-5　HOMMA HAUS Mount Tabor 的室内场景

（来源：日经 ×TECH）

本间毅在创立 HOMMA 公司前，还有过一次创业经历。他回忆说：
"在大学时和 4 个朋友一起创办了第一家公司，主要做网站制作和运营，
经营了 8 年左右，就将公司转让了。之后，我参与了索尼和乐天在美国的
业务。原本我并没有再次创业的打算，但是当 HOMMA 的业务模式构想浮
现在脑海中时，我改变了想法，开始了第二次创业。"

（根津祯　日经硅谷分社）

虚拟设计
——利用 AI 与 IoT 技术设计虚拟空间，改善办公环境

技术成熟度　高　2030 年期待值　9.0

建筑设计事务所梓设计提出，利用 AI 和 IoT 等数字技术进行与建筑
设计相关的应用程序开发和虚拟空间设计。建筑设计和数字应用将成为今

后建筑业的两大支柱。

位于东京市秋叶原的"eXeFie1d Akiba"于 2020 年 8 月开业，是一座由 NTT e-Sports 运营的电子竞技类体育设施。eXeField Akiba 旨在助力电子竞技走进社区和大众，并推动电子竞技相关技术发展。该项目的设计和监理工作由梓设计事务所建筑部门 BASE03 的岩濑功树承担。

岩濑在回顾 eXeField Akiba 项目时说："虽然我们是建筑设计事务所，但平时也做了很多数字技术方面的工作，所以和客户之间有很多共同语言，交流也很顺畅。并且由于大家彼此了解，能站在各自的角度提出意见，所以方案推进得非常顺利。"

早在 2019 年，梓设计事务所就新设了专门负责 CG 绘图、动画、VR 等数字视觉部门的"AX 团队"。岩濑和 AX 团队于 2020 年 4 月开发出可以搜索室内装修材料的应用程序"Pic Archi"，又设计了虚拟会展中心"莫比乌斯环（Möobius Strip）"（图 5-6）。

岩濑表示："建筑业也有像服务业一样不断变化的部分，所以建筑设计事务所也应与时俱进。今后将继续推进数字与建筑设计的结合。"

无须借助 VR 设备，可在互联网上任意浏览。

图 5-6　梓设计事务所打造的虚拟会展中心"莫比乌斯环"

（来源：梓设计事务所）

梓设计事务所开始使用数字技术的契机是 2019 年 8 月竣工的新总部项目。该项目以"健康而富有创造性的办公室"为理念，引入了 AI 技术和 IoT 技术。岩濑和同事们在该项目实施过程中进行了多项创新尝试。例如，在办公室里设置传感器，收集温度、湿度、光照、噪声等数据，分析这些数据与可穿戴式设备收集的员工心率等数据的相关性，并根据分析结果改善办公环境。

岩濑从学生时代就开始使用三维建模软件，当他 2015 年进入梓设计事务所工作时，事务所应用数字技术并不多。岩濑表示，"虽然现在公司已经走在数字技术应用的前列，但当时公司在 BIM（建筑信息建模）方面还处于试错阶段，我深切感到数字技术在建筑领域的应用任重道远。"

当时岩濑刚刚走上工作岗位，首要任务是专心学习建筑设计技术，并没有时间学习编程等课程。3 年后，即 2018 年，渡边圭作为工程师入职梓设计事务所。渡边在学生时代就在研究智能住宅技术。在渡边的影响下，岩濑也将自己从事的领域从建筑设计扩展到了数字技术。

岩濑认为："有了渡边这样的工程师，我的创意就能得以发挥，并很快付诸实践。"由于在工作时间内不方便随时讨论，两人决定每天利用午饭时间一起讨论 AI 和 IoT 等技术。

同一时期，公司总部面临搬迁，将通过内部竞争的方式决定总部大楼的设计负责人。在内部竞争中，岩濑和渡边提出的引入 AI 和 IoT 等技术的方案虽然只获得了第 3 名，但是方案内容得到了评委的支持，他们的提议被吸纳进最终的设计中。

不过，这一过程并不顺利。岩濑说："在公司内部会议上，有人质疑使用 AI 技术和 IoT 技术到底能做什么，认为这些并非建筑设计事务的本业。当时我们也未能深刻理解这些数字技术的意义，所以对于质疑没能给出合理的回答，颇为遗憾。"

会议结束后，岩濑和渡边深入调查了其他公司的发展动向，以及正在建筑领域开始萌芽的数字技术，在公司内部提出了如下建议：

"建筑界应用数字技术之风渐起，我们通过总部大楼的建设进行相关测试，可以获取数据、验证相关技术。实践出真知，只有用我们亲自验证的数据才能说服客户。"

公司的管理层听取了他们的意见，在新的总部大楼的建设中积极引入了 AI 技术和 IoT 技术。

（坂本曜平　日经 ×TECH・日经建筑）

大型面板结构法
——用整合了保温层、窗框的大型一体化面板建造住宅

技术成熟度　高　2030 年期待值　6.0

使用大型面板结构法建造一般规模的独栋住宅，只需一天就可以完成从搭建到安装窗框，以及外墙和屋顶的防水等所有工序。这不仅可以减少木工施工的工作量和施工管理负担，还可以直接缩短工期。在承包商不足和订单竞争双重压力的情况下，运用该技术极大地节省了施工现场的劳动力，迎合了市场的需求。

大型面板是指在工厂里一体化加工而成的建材组合板块，在柱、梁搭成的框架上装上结构性面材、窗台等小型构件，以及防水、隔热材料和窗框。可以说大型面板是住宅内外部除装饰外的，房屋的"躯干"部分，可以在施工工地直接组装成房屋。

现以日本 Wood Station 公司如何制造定制的大型面板为例，介绍相关的流程（图 5-7）。该公司在位于群马县沼田市三泽房屋集团下属的 TECHNO F&C 公司的工厂里设置了大型面板的专用生产线。

首先，地产商或建筑公司作为订购方，与 Wood Station 公司商谈确定大型面板构件的尺寸和配置。接下来是采购建筑材料环节，柱和梁等木材由预切割公司直接向沼田工厂供货，窗框和隔热材料等建材或由订购方提供，或由 Wood Station 公司自行采购，具体采用哪种方式由订购方综合采购价格等因素进行判断。

以一般规模的独栋住宅为例，建筑工人只需一天便可完成窗框安装、外墙及防水施工的所有工序。

图5-7　在施工现场组装外墙部分的大型面板

（摄影：大菅力）

建筑材料采购齐全后进入制造环节。组装梁柱、铺设防水层和隔热材料、安装窗框等作业和步骤与施工现场完全相同，几乎全靠人力完成。但是工厂的生产效率要远高于施工工地。例如，生产墙壁面板时，从结构材料的组装到防水材料的施工，都在平坦的工作台进行。之后使用起重机将制作中的面板垂直吊起，移动到相邻的可升降脚手架上。此时工人安装窗框、铺设窗框周围的防水材料和通气筒边缘。脚手架可以随时调节面板高度，方便工人作业。

施工工地的现场作业经常受到周围环境的限制，而工厂内平坦的工作台、竖立面板的脚手架等装置，极大地优化了工作环境。因为工厂内还会用起重机来移动大型面板和窗框等重物，所以工人的负担小、工作速度快（图5-8）。

一般尺寸的窗框由两名工作人员一起安装。装有三层玻璃的落地窗等较重的窗框也可以用起重机吊起来进行安装。

图 5-8 工人安装窗框

（摄影：大菅力）

工厂统一生产在提高工作效率的同时还确保了大型面板的质量。原本在施工现场由木匠一人承担的工作在工厂制造阶段被细分化，由单个工人专门负责某一环节的作业。即由同一个操作者重复作业，大幅减少了质量参差不齐的情况。

另外，工厂统一生产还能减少建材和原材料的浪费。因为工厂是根据订购方提供的图纸进行订单式生产，所以能够精确计算数量，将原材料的损耗降到最小，而建筑材料的外包装也可由工厂集中处理。

为了缩短从工厂生产到现场组装的时间，每件订单都按照与现场建造相反的顺序来制造。然后将制作好的大型面板用卡车运到现场，从最后卸货的面板构件开始组装。

在这整套制造流程中，Wood Station 公司不仅和订购方一起确定了大型面板的设计图纸，还深度参与了施工现场组装计划、指导工地施工等各个环节的工作。

（大菅力　撰稿人）

装配式木制住宅
——在工厂制造木制住宅结构，提供低价标准化平房住宅

技术成熟度　高　2030 年期待值　4.6

三菱地所集团旗下的综合木材公司"MEC Industry"，经营从木材生产到独栋住宅销售的全套业务。

该公司从 2022 年 4 月开始在鹿儿岛、熊本、宫崎三县开展木结构独栋住宅业务。通过在自有工厂量产木制房屋的整体结构，以低价提供标准化的平房住宅。MEC Industry 出售的住宅产品以 20 ～ 30 岁的住户家庭为对象，采用平房结构，建筑面积约 100 m²，抗震等级均达到了 3 级，价格在 1200 万日元左右（不含税）（图 5-9）。

图 5-9　MEC Industry 销售的住宅内部景观

（来源：MEC Industry）

三菱地所集团事业推进室 CLT wood promotion 部门副主任兼 MEC Industry 企划营业部部长青木周大说："如果把价格降低到比廉价住宅的市价还低一截，那这一领域将是一片蓝海。"

此项独栋住宅项目的年销售目标为 300 栋，销售额为 30 亿日元。为

了降低价格，MEC Industry 在当地建筑公司的协助下，实现了从原木的采购，木制品的制造、加工、组装，到现场施工、销售的贯通服务。公司还计划从鹿儿岛、熊本、宫崎等地采购杉木。在传统的木结构住宅供应链中，各个阶段都有不同的商家介入，因此产生了很多中间成本。

为了进一步推进房屋主体结构的模块化，MEC Industry 在鹿儿岛县涌泉町的工厂大量生产单块面积约为 8 m² 的箱型模块（图 5-10），公司还计划在该工厂生产部分房屋内外装饰材料和厨卫设备，与箱型模块同批发货。

墙壁采用大型面板结构法，地板和天花板由 CLT（正交胶合木）构成。

图 5-10　构成住宅结构的木制箱型模块

（来源：MEC Industry）

住宅的模块面宽 4.55 m，进深 1.82 m，高 2.44 m，墙壁由使用了框架墙体的面板构成。根据住宅的设计，模块可分为横向立一面墙、纵向立两面墙，以及只在纵向立两面墙两种类型。地板和天花板由 CLT 构成，地板面板厚度为 90 mm，天花板面板厚度为 150 mm。

建造住宅时在工地上现场组装建筑模块，建造隔墙。MEC Industry 企划营业部的个人营业课长重田翔平说："正交胶合木的尺寸偏差很小，所以能精确地将各单元连在一起。"据重田介绍，除去基础施工，从开始建造到交付，一个月左右就可以完成。

MEC Industry 于 2020 年 1 月成立（图 5-11）。以三菱地所集团为首，由竹中工务店、大丰建设、松尾建设等建设公司，经营建筑材料等的南国殖产公司，制造销售建筑用金属制品的 Ken tec 公司，集成材制造厂家山佐木材公司，7 家公司共同出资。

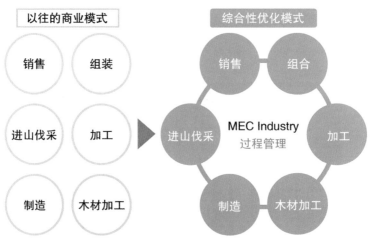

图 5-11 MEC Industry 的商业模型整合了不同厂家承担的各道工序

（来源：MEC Industry）

MEC Industry 不仅经营独栋住宅业务，还与建材行业深度合作。MEC Industry 在一些地产项目上采用了三菱地所集团与 Ken tec 公司共同开发的附带龙骨的新一代地板"MI 地板"，该地板已于 2020 年获得专利。

（木村骏　日经 ×TECH·日经建筑）

建筑翻新

——修补结构再次利用，减少二氧化碳排放

技术成熟度 高 2030 年期待值 10.6

建筑翻新是指对原有老旧建筑进行改造，变旧为新，提高建筑物的资产价值。

建筑翻新是在原有建筑物的主体结构上进行的，与重新修建相比大大节省了建筑材料。目前，建材行业碳排放十分严重，建筑翻新能够促进二氧化碳的减排。

建筑翻新通过建筑物的轻量化和抗震加固，将抗震性能提高到现行建筑基准法要求的水平。通过最大限度地利用原有的建筑物来降低成本，同时大幅提升相关设计，提供更好的居住体验（图 5-12）。

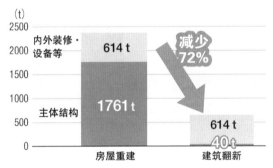

可以减排 1721 t 二氧化碳。

图 5-12　房屋主体结构再利用的效果

（来源：日经建筑基于三井不动产的资料作图）

青木茂建筑工作室的董事长青木茂一直提倡建筑翻新，由于建筑翻新的碳减排理念如今再次受到关注，青木茂建筑工作室与三井不动产于 2016 年开展业务合作，携手推进建筑翻新工作。其中一个合作项目就是将 1971 年基于旧抗震标准建造的 9 层租赁公寓"信浓町公寓"完全翻新。这已经是两家公司在信浓町的第六次合作。

信浓町公寓总建筑面积为 2610 m²，属于中等规模的公寓。通过建筑翻新，信浓町公寓迎来了"脱胎换骨"的变化。信浓町公寓为钢筋混凝土结构的建筑物，在翻新时利用了 84% 的主体结构。与重建相比，将生产建材过程中排放的二氧化碳减少了 72%。该减排量是东京大学研究生院的清家刚教授和三井不动产共同研究计算得出的，具体方法是用构成建筑物的混凝土、钢筋的使用量乘以单位排放量得出的减排数值。

"作为上市公司，我们非常关心信浓町公寓的二氧化碳减排效果。接下来我们想翻新公司自持的物业项目。"三井不动产瑞兹资产运营部资产运营组的首席顾问宫田敏雄这样说。

清家教授说："利用现有的房屋主体结构实现碳减排的效果非常显著。一般来说，在建筑行业二氧化碳排放中，生产混凝土和钢铁导致的碳排放量约占总排放量的 90%。"此外，如果利用原有的主体结构，还可以控制工程费用，缩短工期（图 5-13）。

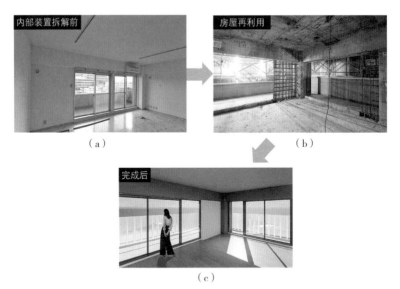

图（b）的钢筋网状物为新增的抗震墙体。

图 5-13　原有建筑的内观（a）、拆除过程（b）、内部装修后的效果（c）

（来源：青木茂建筑工作室）

如果将翻新过程中节省出的资金用于提高房屋隔热性能等方面，还可以减少今后居住时排放的二氧化碳。延长建筑物的使用寿命、提高居住的舒适度、提升建筑物的资产价值等，对于房屋翻新意义重大。

青木茂建筑工作室的设计师勇上直干提到："如果翻新后的房屋没有达到与新建房屋同等的寿命，那么从长远来看，不能说是实现了碳减排。如果翻新后的房屋居住性能比新建房屋差的话，最终也还是会缩短建筑物的寿命。"

在改造信浓町公寓时，青木茂建筑工作室对原有建筑进行了彻底的维修和抗震加固。例如，拆除掉除承重墙外的墙壁以减轻重量，依据现行抗震标准建加固抗震墙，并在原有的梁上包裹碳纤维等。因为在施工中没有使用钢筋结构支架，所以可以维持原建筑物的设计风貌。

通过翻新工程，不仅改善了建筑物的隔热性，还提高了地板的隔音性。施工过程中，在天花板上铺设了 Fukuvi 化学工业公司生产的名为"Silent Drop"的降噪材料，这种材料可以吸收来自上层楼板的重量冲击。比起只是加厚楼板，此举可以大幅减轻结构重量，提升抗震性能。

目前，越来越多的企业开始关注在保持房屋主体结构不变的基础上进行翻新带来的碳减排效果。野村不动产、日本邮政不动产等公司也在计划古旧商业楼宇的改造计，准备沿用这些楼宇的部分地上结构和全部地下结构。

东京大学研究生院的清家教授认为："只要大家认识到建筑翻新可以减少工程量、减轻环境负荷的优点，今后选择利用建筑物地下主体结构进行翻新的项目就会不断增加。"

（木村骏　日经 ×TECH・日经建筑）

环境 DNA 分析
——长期监测珍稀物种生存状况，切实采取保护措施

技术成熟度　中　2030 年期待值　11.8

环境 DNA 分析是通过检测水生生物的皮肤和其排泄物中的 DNA，掌握稀有动植物生存状况的分析方法。

大成建设公司将这一技术用于保护山椒鱼等两栖动物的栖息状况调查，与以往的实地目视确认相比，使用环境 DNA 分析技术扩大了调查的时间窗口。

大成建设公司从 2020 年 2 月开始，历时约 2 年，确认了环境 DNA 分析技术的有效性。该公司将小型沼泽交错的山区作为替代栖息地，把现有湿地中的山椒鱼卵块移植到此（图 5-14）。团队在之后的 1 年内，在此水域长达 1 km 的群落生境的数个点位，采集了 250～500 mL 的样品。将样品冷藏运送到实验室后，从过滤的残渣中提取微量 DNA，通过 PCR 扩增 DNA 后确认有无山椒鱼栖息于此。

图 5-14　黑山椒鱼的幼体

（摄影：悬川雅市）

如果使用环境 DNA 分析技术（图 5-15），可以将山椒鱼的监测时间延长为从卵块到其在水中成长为幼体的半年左右的时间。清洁能源、环境事业推进本部与自然共生技术部生物多样性技术室室长内池智广对此表示，"当我们发现它们无法生存时，如果能尽早转移其栖息地，将有助于物种保存。"

图 5-15　环境 DNA 分析顺序

（来源：大成建设公司）

迄今为止，调查替代栖息地的状况都是由专业调查员对卵块进行实地目视确认，能够观察的时间只有产卵期（约 2 个月），并且无法确认鱼卵能否发育成长为幼体。

技术中心都市基础技术研究部环境研究室环境保护小组的副主任研究员赤冢真依子表示："以前的方法需要专业调查员进行现场目视确认。如果采用环境 DNA 分析的话，非专业人员也能采集水样，因此可以进行更大范围的调查。"

该公司今后将使用环境 DNA 分析技术确认往来于河流和大海的鲇鱼的洄游状况，内池室长表示："在采取修整洄游路线等保护措施后，环境DNA 分析的有效性将得到证明。"

［佐藤斗梦　日经 ×TECH · 日经建筑（Construction）］

重型机械自动化
——无人重型机械建造大型建筑物

技术成熟度　高　2030 年期待值　17.6

目前，多种无人驾驶的重型机械可根据计算机的指令建造大规模建筑物，这项将彻底改变全球施工现场的技术正在成为现实。为了加快技术开发和执行，日本政府和相关机构正在紧锣密鼓地制定安全保障和工程机械控制信号的相关标准。

鹿岛建设公司在秋田县的在建项目成濑水坝工程中，运用了"A4CSEL（四驱加速器）"技术，该技术通过自主驾驶多台多车种及无人重型机械来建设规模巨大的土木建筑（图5-16）。

自主驾驶的推土机和振动压路机进行自主施工。

图5-16 成濑水坝的施工现场

（来源：日经 ×TECH）

自卸货车卸下土石建材，推土机将土石推平，最后用振动压路机压实。无须驾驶员坐在车内操作，重型机械便可自动完成这一系列工作。工地上同时启动的自动化重型机械最多时高达23台，高峰期一个月要完成多达30万立方米的CSG（CSG是将当地的石头、沙砾、水泥和水混合在一起的材料）浇筑工程。

在采访过程中，记者看到推土机和振动压路机之间的车距不断缩小，不免有些担心。但负责施工现场的鹿岛建设公司、前田建设工业公司、竹中土木 JV 公司（3家企业合作体）的所长奈须野恭伸说："施工现场的重型机械如此密集，如果由真人来驾驶反而更不安全。"事实上，这里的重型机械之间自动保持着一定的距离，不用担心因为倒车时疏于确认后方行人、车辆而发生事故。

在可以俯瞰工地的高台上建有一间重型机械监控室，室内摆放着观赏植物，这些植物与室内绿色基调的装修十分和谐，房间一角还有扫地机器人和意式浓缩咖啡机（图5-17）。

"IT飞行员"在监控四驱重型机械的工作状况。

图5-17 成濑水坝施工现场的"监控室"

（来源：日经×TECH）

坐在监控室里监控这些自动化重型机械的工作人员被称为"IT飞行员"。虽然名为飞行员，但他们并不进行实际驾驶，而是身穿白衬衫坐在宽敞的办公室座位上，一直观察着屏幕上显示的信息和窗外的工地情况。

他们面前的屏幕上显示着推土机和自卸货车的图标和ID，这些图标与工地的重型机械一一对应，显示着工地上每台重型机械的移动状况。通过整体监控的显示屏，能掌握每台重型机械的作业进度和预计完成时间。

工作人员在监控施工的同时，还会确认施工的结果数据，以此为基础修改自动化程序，更改设置。鹿岛机械部自动化施工推进室的出石阳一部长负责管理成濑水坝工程中的所有无人重型机械，他解释道："例如，刮板的角度是设定为10°还是15°？我们要修改这些小细节。"

大林组建筑公司和美国的Safe AI公司于2022年7月宣布在日本的建筑工地进行为期两周的重型自卸卡车自主行驶测试。主要是验证从美国运来的自动驾驶重型自卸货车，在日本的通信环境下是否能正常运作。

　　测试中使用的车辆是美国卡特彼勒制造的铰链自卸货车（具有中折式车身结构的翻斗车）（图 5-18）。这是一辆最大载重量约为 24 t 的自卸货车，车上安装了 LiDAR（激光雷达）、相机、推测自身位置和姿态的 GNSS（卫星定位系统的总称）/IMU（惯性测量装置）模块及计算机，通过 Safe AI 公司开发的车辆控制软件实现自主行驶。这一车辆控制软件可以安装在任何厂家、型号的自卸货车上。

驾驶位的车顶上安装了激光雷达。为了确保安全，车辆内配备了驾驶员，但无须实际驾驶。

图 5-18　曾在硅谷进行过自动驾驶实验的美国卡特彼勒铰链式自卸货车

（来源：大林组建筑公司、Safe AI 公司）

　　2021 年 11 月，在硅谷采石场进行的测试中，确认了此车辆能否自主完成从装载砂土到卸货的一系列动作。在测试中，车辆出发后，行驶中经过 3 次变换方向，到达砂土装运地点。装运完成后车辆前往卸货地点，途中仍需变换 3 次行驶方向。车辆抵达卸货地点后停车，将砂土卸到预定位置后返回测试起点的位置。在这次测试中共进行了 3 次同样路径的循环实验。

　　大成建设公司和小松公司共同开发出了从砂土搬运到装卸的全程自动化重型卡车"T-iROBO Rigid Dump"（图 5-19）。该车辆只需熟练的司机驾驶一次，就能记录下车辆经过的位置、方位、速度等信息，实现沿着相同的路线自动行驶。2022年1月，研究人员在三重县的实验现场确认了T-iROBO Rigid Dump的性能和安全性。计划在2022年内在日本国内的建筑工地上投入使用。

此款自卸货车是以小松公司制造的自卸货车"HD465"为基础开发的。

图5-19　实现了从搬运到装卸的全程自动化自卸货车"T-iROBO Rigid Dump"

（来源：大成建设公司）

T-iROBO Rigid Dump是以小松公司生产的立式自卸货车"HD465"为基础制造的，在HD465上安装了激光雷达、相机、GNSS方位仪、通信设备、计算机。车辆以GNSS方位仪的数据为基础生成自动驾驶程序，向车辆发送电信号进行控制。在测试中行车位置的误差被控制在直线行驶时平均为10 cm，位置容易偏移的转弯处则不超过1 m。

在编写自动驾驶程序时，会根据行驶的路径调节速度，直线时速最高可达30 km/h，比一般的人工驾驶还要快。虽然在进行复杂的倒车等操作时需要花费时间，但总体上自动驾驶降低了驾驶操作的时间。

为了加快建筑施工自动化技术的开发，日本政府和相关机构也在加紧制定相关标准。国土交通省于2022年3月14日召开了"建筑机械施工自动化、自主化协议会"，目的是完善安全标准、施工管理标准等自动化施工制度。

土木研究所在 2022 年设立了建筑机械控制信号共同规则实用化委员会，以推动民间企业进行相关技术研发。

虽然自动化施工试验在大型建筑公司的引领下取得了一定进展，但是施工中的安全保障和建筑机械的信号控制标准还不完善，出台相关安保措施尚需时日。此外，建筑公司和车辆制造厂商还要各自签订保密合同，此举也十分缺乏效率。

[浅野佑一　日经 ×TECH，

夏目贵之　日经 ×TECH·日经建筑（Construction），

桥本刚志　日经 ×TECH·日经建筑（Construction），

木村骏　日经 ×TECH·日经建筑（Construction），

岛津翔　日经 ×TECH，

佐藤斗梦　日经 ×TECH·日经建筑（Construction）]

远程操作式人形重型机械
——在工程车内远程操控有两条"手臂"的人形重型机械

技术成熟度　中　2030 年期待值　15.4

由立命馆大学创办的初创企业人机一体公司于 2022 年 3 月在国际机器人展览会上展示了与西日本旅客铁道公司（JR 西日本）、日本信号公司共同研发的名为"零式人机 ver.2.0"的机器人。这是用于高空作业的"空间重型施工机器人"的实用级别样机，工作人员可通过远程操控，代替人工进行高空高危作业（图 5-20、图 5-21）。

图 5-20　在地面操控机器人，使得高空作业成为可能

（来源：JR 西日本）

操作者可以在地面进行高空操作。

图 5-21　JR 西日本与日本信号公司共同开发的人机一体形式的
"空间重型施工机器人"的实用级别样机

（来源：JR 西日本）

　　"零式人机 ver.2.0"是安装在起重机顶端的人形机器人。工作人员坐在高空作业车的驾驶舱内，使用"人机操控机 ver.5.0"这一地面远程操控装置进行操作控制。该重型机械计划在 2024 年春季投入使用。

　　人机一体公司的金冈博士说："机器人的关节、手脚的数量、头部的位置等，都特意设计成与人相近的形状以便于操作。"

金冈博士认为人机一体公司并不是一家机器人制造公司，而是基于高精尖机器人技术研发的"知识制造公司"。公司的研发目的不是批量生产、销售人形重型机械，而是利用公司所拥有的知识产权，为各类企业提供咨询服务，帮助企业制造相关产品。

例如，该公司目前拥有的其中一项知识产权是"力控制、扭矩控制技术"。应用了此项技术的机器人可以实现微妙的力度调整，因此可以像人一样很好地抓握未知的物体。而一般的工业机器人是通过坐标控制位置来移动的，所以很难根据对象物体的硬度和形状来控制抓握力量。

（森冈丽　日经×TECH·日经建筑）

3D 打印建筑
——用 3D 打印机建造仓库和厕所

技术成熟度　中　2030 年期待值　9.3

3D 打印机不仅大幅提升了设计的自由度，还能节省人力、资源，缩短工期，其效果值得期待。世界上已经出现了用 3D 打印技术建造的住宅，日本的建筑界也在进行相关的研究和实验。

位于北海道苫小牧市的会泽高压混凝土公司使用水泥基材料 3D 打印技术，在北海道深川市的工厂内建造了两座公共厕所。

会泽高压混凝土公司所使用的 3D 打印机由荷兰初创公司 Cybe Construction 公司研制，打印机上安装了瑞士大型工业机器人公司 ABB 集团生产的机械臂。施工时从机械臂的喷嘴中挤压出砂浆进行堆叠造型，砂浆 2 ~ 3 分钟就能硬化，因此无须模具就能快速制作出复杂形状的构造物。

使用 3D 打印技术建造的公厕高约 2.7 m，占地面积分别约为 10 m^2 和 6 m^2。公厕采用钢筋混凝土结构，以中空的外装饰代替模框，填充混凝土，室内墙体垂直而立，并沿墙配备钢筋。

不过用 3D 打印技术制造的墙壁目前在日本不能被认定为结构体。混凝土是建筑基准法认定的建筑材料，而若要使用特殊砂浆，就必须获得相关的省部级认证。

会泽高压混凝土公司的东大智执行董事致力于研究 3D 打印技术在建筑领域的应用，他说："3D 打印机具有无限的可能性，可以建造出以前难以实现的造型建筑。日本地震频发，尽管还不能将 3D 打印的产品用于建筑物的结构部件，但可以用来塑造外观框架和造型。"

东大智于 2015 年起兼任相泽技术研究所的研究员，该研究所是会泽高压混凝土公司旗下的研发部门。东大智以此为契机，开始钻研 3D 打印技术，并为此多次远赴荷兰、德国学习先进的前沿技术。经过不懈努力，他掌握了设计数字化的流程及机器人控制、材料控制等相关专业知识。

会泽高压混凝土公司于 2019 年启动了一个全新的项目——用 3D 打印技术建造厕所，在印度实地安装。为此公司组建了"SDGs 团队"，东大智被任命为项目负责人来管理团队。

东大智回忆到："起初我们只知道要用 3D 打印技术制造一间在印度使用的厕所，但对如何启动工作毫无头绪。"赴印度实地考察之后，团队成员深刻理解了此项任务的意义。印度的厕所条件差，卫生状况堪忧。团队成员通过和当地人的交谈了解到很多情况，也逐渐理解了当地需要何种厕所。基于这些认识，大家集思广益，提出了很多方案（图 5-22）。

但是团队在设计方面还是遇到了困难。"使用 3D 打印技术可以实现传统技术很难实现的造型（图 5-23），但正因如此，研究最终设计方案时耗费了大量时间。"

左边为印度版本的厕所，右边为日本版本的厕所。

图 5-22　会泽高压混凝土公司"打印"的两栋厕所

（来源：会泽高压混凝土公司）

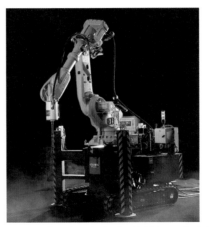

图 5-23　会泽高压混凝土公司的 3D 打印机

（来源：会泽高压混凝土公司）

在决定整体设计之前，团队首先讨论了施工方案，是用 3D 打印机制作多个构件并将其组装起来，还是用 3D 打印机直接制造出一个完整的厕所结构。

东大智提到，为了更好地服务当地社区的居民，团队还讨论了在厕所外部附设长椅的方案。"我们画好成套的草图，用黏土制作建筑物的模型。如此反复多次后终于确定了设计方案。当我们把方案提交给社长时，却被否决了。社长提出，希望我们的设计方案能体现出 3D 打印技术的无限可能性，令人耳目一新（图 5-24）。"

图 5-24　使用 3D 打印机挤压特殊砂浆

（来源：会泽高压混凝土公司）

团队的设计方案一次次被驳回，在团队成立一年后，设计方案才最终确定。团队最终采用原位打印方式，即直接用 3D 打印机的机械臂在现场进行施工。在打印机底部安装履带，使其边移动边打印施工。专为印度设计的厕所无须连接上下水也能使用，这主要是利用了北海道旭川市正和电工开发的利用木屑处理排泄物的技术和 AQUAM 控股公司利用空气中水蒸气生成水的技术。

事实上，在印度安装厕所还有原材料开发等问题需要解决，东大智带领的团队将逐一克服这些困难。

（木村骏　日经 ×TECH・日经建筑，

坂本曜平　日经 ×TECH・日经建筑）

第六章

检查与诊断技术

法医学领域物联网气味传感器
——通过分析气味来验证死因、判断是否存在虐待行为

技术成熟度　中　2030 年期待值　6.2

气味分析技术领域的 REVORN 公司与长崎大学共同开展法医学技术测试。通过使用由 REVORN 公司开发的传感器技术和 AI 检测，分析尸体产生的臭气，还能判断死者是否遭受过虐待。气味在法医学领域是一项基于经验法则的判断要素，今后 REVORN 公司的技术将为气味判断提供更加客观的依据。

REVORN 公司成立于 2016 年，以"消除'莫名'气味"为目标，该公司开发了物联网系统、气味传感器 OBRE 和管理气味数据的"Iinioi Cloud（好气味云）"。气味传感器 OBRE 的前端是收集气味的吸管和泵，内置检测气味并将其转换成电子信号的传感元件，以及收发电子信号的 SIM 卡（图 6-1）。传感器由水晶振荡器制成，每台设备配备 19 种传感元件。

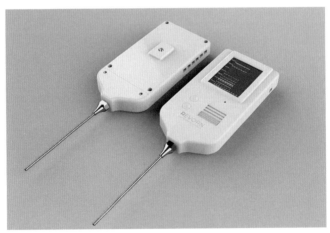

图 6-1　物联网气味传感器 OBRE

（来源：Ribbon）

气味传感器 OBRE 捕获到的气味数据会自动上传至云端（Iinioi Cloud）。云端存储了各种类型的气味数据，研究人员用这些大数据模型训练 AI，进行机器学习。

AI 分析检测到的气味与什么气味相近，会把结果显示在 OBRE 的屏幕上。例如，"检测显示与香蕉气味的一致率为 80%"。

REVORN 公司正在与长崎大学进行技术实验，期待能将气味分析技术应用于法医学领域。长崎大学研究生院医齿药学综合研究科的池松和哉教授希望用 REVORN 公司的技术将气味数值化，成为任何人都能使用的客观指标（图 6-2）。

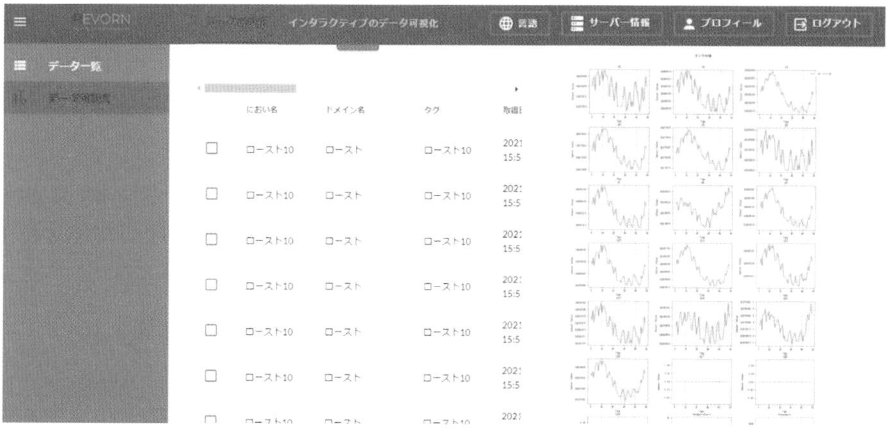

画面显示各传感元件对于某种味道的反应图案。

图 6-2 Iinioi Cloud 的画面

（来源：REVORN 公司）

气味很难被归类为客观指标。池松教授说："在法医实践中，虽然有很多机会能接触到特殊的气味，但大多数法医都是根据经验来判断气味的含义。"教科书上说氰化氢中毒会散发出杏仁味，但如果没有实际闻过，则很难察觉到底是什么味道。而且嗅觉有个体差异，也有法医闻不出杏仁味。

在实验中，研究人员将重点测试 OBRE 能否应用于"死因判断与气味的关系""酒精摄取与否、饮酒后经过的时间、酒精的种类、饮酒量的推定""被虐待儿童的特殊气味探讨"等问题。

例如，在被弃养的虐待儿童案例中，由于有些孩子长期不能洗澡，有时会产生特殊的气味。据说曾有法医在现场闻到了被称为"Neglect（疏于照顾）"的气味，但气味不能直接作为虐待儿童的证据，因此很多相关人士都感到痛心而无奈。

池松教授提到："由于虐待案中嫌疑人总是用各种借口为自己开脱，所以希望今后能有相关的客观指标帮助判断。我尤其期待该技术能用于虐待案件中的举证。"

以池松教授为首的研究团队正在为 OBRE 收集到的各种气味做标注，积累基础数据，训练 AI 模型，期待有朝一日这套系统能在法医现场发挥实际作用。

如果能证明相关研究真实有效的话，气味就可以作为客观指标使用了。这既能减轻法医的负担，还将推动法医检测技术的进步。

（大崩贵之　日经×TECH·日经数字健康）

排尿预测传感器
——下腹部安装传感器，监测膀胱内尿液量

技术成熟度　高　2030 年期待值　4.1

2022 年 4 月，"排泄预测辅助仪器"进入了护理保险中的特定护理用具项目，这是自 2012 年以来护理保险首次增加护理用具的项目。

这一利用感测技术来预测排尿的仪器名为 DFree，它可以感知膀胱内的状态，并据此推定尿量，将最佳排尿时机告知使用者或护理人员。

DFree 由 Triple W Japan 公司开发，通过在使用者的下腹部安装超声波传感器，监测膀胱内的尿量来预测排尿时机。Triple W Japan 公司从 2017 年开始向护理机构提供使用该设备的"DFree 排泄预测服务"，截至

2022 年 3 月，约有 300 家机构在使用该服务，其中包括部分医疗机构。

为了配合排泄预测仪器进入护理保险福利用具项目，Triple W Japan 公司于 2022 年 3 月发售了家庭版的"DFree Home Care"（图 6-3）。仪器中的传感器和以往的产品保持一致，但考虑到居家实用的场景，采用了专用的平板电脑来通知和记录数据，界面设计简洁明了。

图 6-3　排泄预测仪器"DFree Home Care"及其显示画面

（来源：Triple W Japan 公司）

该仪器将尿液存留情况分为 10 个阶段，如"该通知排尿了""通知可能已经漏尿"等，都用大号字体显示在屏幕上。

只要按下"无排尿""有排尿"的按钮就能记录情况，还可以通过掌握排尿次数和排尿时间等趋势，减轻护理人员的负担，调整护理计划。

针对高龄家庭，还推出了通过蓝牙将传感器与专用终端直接连接的方式，实现了无网环境也可以正常使用。考虑到护理保险中特定福利用具购买费用的上限为每年 10 万日元，该仪器的厂商指导价被定为 9.9 万日元（含税）。

DFree 与传统的护理用具不同，是一种全新的护理用仪器。所以厂家需要向用户提供详尽的说明书，也要面向护理经理做全面推广。Triple W Japan 公司表示，公司会尽全力应对来自各方面的咨询。

（石垣恒一　日经 HealthyCare）

耳机型脑电波测量仪
——刺激听觉，兼具辅助麻醉的效果

技术成熟度　中　2030 年期待值　8.3

初创公司 VIESTYLE 公司准备将正在研发中的耳机型脑电波仪"VIE ZONE"应用于医疗领域，VIESTYLE 公司与日本国立癌症研究中心东医院合作，开发基于 VIE ZONE 设备的系统来监测内窥镜手术下患者的麻醉程度（镇静深度）。VIE ZONE 不仅具有监测功能，还有望用来刺激听觉，增强麻醉效果。

VIE ZONE 的外观像是左右一体式的无线耳机，入耳部分是电极，可以从外耳道获取脑电波。基于大量临床数据，VIE ZONE 脑波测量仪项目已经获得日本药品及医疗器械管理局（PMDA）的认证，计划于 2023—2024 年投入使用。

在手术中对镇静深度进行监测是为了判断麻醉是否有效。内窥镜手术时患者接受中等程度麻醉，麻醉科医生不会全程守候在手术室，所以至今没有简便可靠的镇静深度监测方法，只能通过医生和护士随时确认患者的意识状态和血压等生命体征，进行镇静深度监测。日本国立癌症研究中心东医院消化道内窥镜科科长矢野友规说："VIE ZONE 可以方便地测量脑电波，我们对这种全新的镇静监测方法抱有很大的期望，因为它既能确保患者的安全，又能让我们医务人员安心地专注于内窥镜诊疗。"

研究人员接下来还将挑战麻醉介入领域，VIESTYLE 公司的 CNTO（首席脑科学官）茨木拓说："在脑电波监测中如果发现患者有即将苏醒的征兆，我们可以配合脑电波的状态给予听觉刺激，实现不必追加麻醉药也能维持镇静的效果。"

（大崩贵之　日经 ×TECH·日经数字健康）

血糖测量智能手表
——无须针刺也可测量血糖

技术成熟度　中　2030 年期待值　14.8

对糖尿病患者来说，监测和控制血糖很重要。研究人员目前正在开发只需戴在手腕上就能测量血糖值的智能手表。

法国的初创公司 PKvitality 公司于 2022 年 7 月底，公布了自主研发的手表型血糖测量设备 "K'Watch Glucose" 的临床试验结果。

2022 年 6 月，使用该设备测量的血糖数值与传统方式测量的血糖数值之间的平均绝对相对差（Mean Absolute Relative Difference，MARD）达到了 16%。2022 年 5 月这一数字为 19%，2021 年 12 月为 29%。

PKvitality 公司不断提升智能手表的测量准确度，其创始人表示："将在今后几个月内完成数值校正，为糖尿病患者提供期待已久的动态血糖监测系统（CGM）。"CGM 在皮下刺入传感器，持续测量间质液的糖浓度。如果使用 K'Watch Glucose 智能手表，可实现无创测量血糖值。智能手表的背面贴着专用贴片，贴片上附着了长度不到 1 mm 的针（称为微点）和生物传感器（图 6-4）。佩戴手表时贴片触及手腕的皮肤，贴片不会刺激皮肤，皮肤不会出血也没有痛感，一张贴片可以使用 7 天左右。

一次性贴片上附有传感器。

图 6-4　手表型血糖测量仪 K'Watch Glucose
（来源：PKvitality 公司）

贴片上的生物传感器测量渗入微点的间质液,可以测量出佩戴者的血糖值。只需按下手表正面的按钮,几秒后就能显示血糖值。如果得出的数据超过设定的血糖值,设备就会以振动形式发出警报,并通知用户或其他相关人员。

K'Watch Glucose 不仅能测量血糖值,还能记录步数、移动距离等数据,监测消耗的热量等数值,并且将所有的数据同步到专用的应用程序上。目前 K'Watch Glucose 还未确定最终售价,2021 年预测的销售定价约为 199 美元或 199 欧元。

另据了解,今后苹果公司的智能手表 iWatch 也有望实现无创血糖监测。

（谷田直辉　日经 Drug Information）

糖尿病监控仪
——远程计算胰岛素注射量

技术成熟度　高　2030 年期待值　7.8

如今,远程监测糖尿病患者血糖值和胰岛素注射剂量的技术正在不断更新。

诺和诺德公司于 2022 年 2 月推出了胰岛素笔式注射器,该注射器可以连接智能手机,并自动记录胰岛素注射数据。

诺和诺德公司推出的胰岛素注射笔有诺和 6 号笔和诺和 Echoplus 笔两种型号（图 6-5）。诺和 6 号笔的最大单次注射剂量为 60 个单位胰岛素,剂量调整可以精确到 1 个单位。诺和 Echoplus 笔的最大单次注射剂量为 30 个单位胰岛素,剂量调整可以精确到 0.5 个单位。注射笔的笔芯容量为 3 mL,可以适配市面上出售的 5 种胰岛素制剂。

诺和 6 号笔（上）与诺和 Echoplus 笔（下）。

图 6-5　自动记录用药数据的胰岛素注射笔

（来源：诺和诺德公司）

这两种胰岛素注射笔都可以记录注射剂量和注射时间（精确到秒），最多可保留 800 条历史数据，并将数据以 NFC（近场通信系统）的方式传送到智能手机的应用程序中。每只注射笔可使用 5 年，在此期间无须更换电池和充电。

目前可以通过无线传输数据进行糖尿病管理的应用程序有：Smarte-SMBG（爱科来）、FreeStyle Libre Link（雅培日本）、Think Health（H2）、Medisafe Data Share（泰可茂）、MySugar—APP（罗氏集团日本公司）。

这些应用程序可以自动记录患者的胰岛素日常注射情况，收集糖尿病个体化治疗所需的信息，构建起患者和医务人员之间的高效沟通、支持体系。

东京女子医科大学内科学副教授三浦顺之助专攻糖尿病、代谢内科领域，他高度评价可自动记录信息的胰岛素注射笔并认为："患者记录在糖尿病手册上的数值有时欠准确，自动记录的准确数据有助于医生做出正确判断。"

在血糖值监测方面，FreeStyle Libre Link 等基于持续葡萄糖监测仪器的监测技术在 2020 年度的医疗服务评估中获得好评，目前正在被广泛使用。使用该仪器有望预防低血糖，也能辅助提高糖尿病的治疗效果。

（本吉葵　日经药物信息）

皮脂 RNA 疾病诊断
——拭取皮肤油脂便可早期诊断帕金森病

技术成熟度　低　2030 年期待值　4.1

仅用"吸油纸"拭取脸上的皮脂进行分析，就能早期诊断帕金森病的技术正在研发中。用传统的方法提取皮肤上的 RNA（核糖核酸）进行诊断时，需要采集皮肤组织，会带来一些损伤。使用该技术可以便捷地提取皮脂中与帕金森病有关的 RNA。

花王集团自主开发了分析人类皮脂中所含 RNA 的技术，并从 2019 年起与 Preferred Networks（PFN）公司开展共同研究。随后在帕金森病治疗与研究领域颇有建树的顺天堂大学也加入进来，努力将这一技术应用于帕金森病的早期诊断。

2021 年 9 月，花王集团、PFN 公司、顺天堂大学共同宣布，从人类皮脂中找到了帕金森病患者特有的 RNA 信息。研究人员用吸油纸采集正常人和帕金森病患者的皮脂，并用新一代测序仪分析皮脂中的 RNA，得到约 4000 种 RNA 信息。研究发现，帕金森病患者体内变化较大的 RNA 有 200 ~ 400 种，研究还发现与帕金森病病情密切相关的某些 RNA 有增加的倾向。此外，研究人员还利用皮脂 RNA、年龄和性别信息搭建了机器学习模型（图 6-6），该模型有助于分析皮脂 RNA，从而诊断出是否患有帕金森病。该研究成果已在英国科学杂志（*Scientific Reports*）网络版上发表。

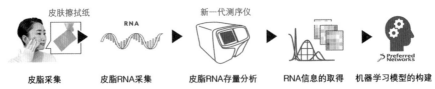

皮肤擦拭纸	RNA	新一代测序仪		Preferred Networks
皮脂采集	皮脂RNA采集	皮脂RNA存量分析	RNA信息的取得	机器学习模型的构建

图 6-6　取得皮脂 RNA 信息及搭建机器学习模型的流程

（来源：PFN 公司）

花王生物科学研究所皮脂 RNA 项目负责人井上高良说："这项研究成果为皮脂 RNA 疾病诊断技术应用于医疗领域奠定了一定的基础。"

为了推进技术产品化，花王集团认为需要增加病例样本进行深度解析。对花王集团而言，诊断等医疗领域是全新的业务领域，公司也将认真研究今后的业务发展方向。

（高桥厚妃　日经 ×TECH·日经数字健康，

今井拓司　撰稿人）

认知障碍辅助诊断软件
——分析脑部图像，早期诊断认知障碍

技术成熟度　高　2030 年期待值　24.0

2021 年 6 月，一种分析脑图像的计算机程序——辅助认知障碍诊断的医疗器械程序，获得了日本药监局的批准。这款名为 Braineer 的程序由 2017 年成立的初创公司 Splink 公司开发。

预计到 2025 年，日本的认知障碍患者将达到 700 万人，对日本这个超老龄人口大国来说，这是个迫在眉睫的问题。

Splink 公司的青山裕纪董事表示，该公司的研发目标是提供从预防到诊断的一站式服务。为此，公司开发了认知能力测量的应用程序 CQ Test、帮助发现早期认知障碍的大脑检测程序 Brain Life Imaging（脑功能成像）（图 6-7），以及获得日本药监局批准的大脑图像分析程序 "Braineer"。

认知能力测试应用程序 CQ Test 可以在笔记本电脑和平板电脑上使用。该程序主要面向没有认知障碍的健康人士，从大脑功能正常阶段开始监测，可以及早甄别出认知障碍的征兆。

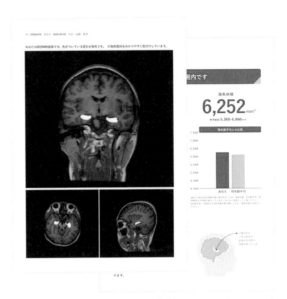

图 6-7　将脑部健康状态可视化的 Brain Life Imaging

（来源：Splink 公司）

Brain Life Imaging 是该公司的核心产品，用于大脑健康检查。利用 AI 技术和核磁共振成像（MRI）技术测量控制记忆和学习中枢的海马结构体积，将大脑的健康状态可视化，向就诊者提供简单易懂的报告。

位于日本福岛县郡山市的南东北医疗集团，将该技术引入到了旗下的医疗机构。2021 年 11 月，Splink 公司与西门子医疗建立业务合作关系，开始在西门子的医疗平台上提供 Brain Life Imaging 服务。

Braineer 凭借头部核磁检查的影像对脑萎缩的情况进行定量分析和数值化处理，并将这些数据作为辅助诊断的信息提供给医生。传统的认知障碍诊断依赖于医生的知识和经验，Braineer 能够降低人为因素对诊断结果的影响。

Braineer 获得日本药监局批准后，Splink 公司与近畿大学、名古屋市立大学、东京大学医学部附属医院开展了共同研究。

（神保重纪　日经 BP 综合研究所，

小口正贵　Spool）

心脏触诊椅
——使用声学传感器诊断内脏、心率及血管的状态

技术成熟度　中　2030 年期待值　12.3

生产汽车座椅的 Delta 工业公司与其集团企业 Delta Touring 公司及广岛大学医学部组成了产学研团队，正在研发只需乘坐就能监测心脏和血液循环状态的椅子。

研究团队研制出了监测心率的声学传感器，将其安装在特制的椅子内，患者坐在椅子上就可以从背部等部位监测其心率情况（图 6-8）。

此款由 Delta 工业公司、Delta Touring 公司、广岛大学医学部联合开发的监测心率的声学传感器，由可捕捉到 0.5 ~ 80 Hz 振动的电容式麦克风和 Delta Touring 公司开发的汽车座椅材料 "3D-NET" 构成。3D-NET 是由聚酯线织成的立体织物面料，被用来覆盖麦克风的振动检测面，帮助麦克风监测心率（图 6-9）。

图 6-8　用装有传感器的椅子监测心率

（来源：日经 ×TECH）

根据不同频率，心跳振动可以分为两类：低于可听范围的振动"心尖搏动"和可听范围内的振动"心音"。声学传感器可以记录心尖搏动的数

据，目前的诊疗中一般通过触诊来确认心尖搏动。

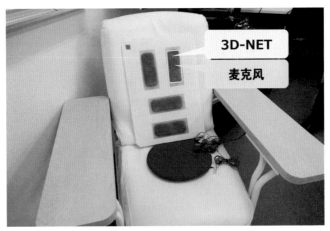

图为安装了传感器的椅子内部构造剖面图。

图6-9 埋设声学传感器的椅背

（来源：日经 ×TECH）

广岛大学的名誉教授兼安田女子大学护理系教授的吉栖正生，希望对声学传感器收集到的数据进行比较和解析，进而推进心尖搏动的相关研究。另外，心音监测有助于心脏病的早期诊断。吉栖教授说："如果可以坐在椅子上方便快捷地监测心率，就能增加心脏检查的频次，使早期发现主动脉瓣狭窄的问题成为可能。"

主动脉瓣狭窄指心脏瓣膜功能不全，会导致血液难以输送等症状，但通常很难被发现。主动脉瓣狭窄的早期阶段没有明显症状，甚至连心电图都是正常的，但用超声波检查或听诊器则能听到明显的心脏杂音。

用 3D-NET 面料覆盖能捕捉 0.5 ~ 80 Hz 振动的电容式麦克风，是为了利用"概率共鸣"效应，帮助麦克风捕捉到微弱振动。所谓概率共鸣，是指在输入值上主动添加噪声，引发振动共鸣。使用 3D-NET 的目的就在于增加噪声。

使用者的呼吸等身体活动会和 3D-NET 面料产生摩擦，发出噪声。摩擦音的频率由 3D-NET 面料纤维的固有振动频率决定。Delta Touring 公司的常务董事藤田悦说："3D–NET 面料产生的摩擦音频率正好非常适合引发与心跳的振动共鸣。"

研究团队计划请主动脉瓣狭窄的患者坐在装有声学传感器的椅子上，测试这套系统能否监测出患有疾病时特有的心跳频率。研究团队还认为，除胸部外，还有可能从背部和腰部监测心率，今后将收集更多新的数据，让心脏触诊椅早日面世。此外，团队还在考虑分析心跳数据的软件销售问题。

（高桥厚妃　日经 ×TECH·日经数字健康）

光子计数 CT
——实现高精密、低辐射的扫描

技术成熟度　高　2030 年期待值　8.8

东海大学医学部附属医院从 2022 年 6 月开始在临床中使用配备了新一代探测器的光子计数计算机断层扫描（Computed Tomography，CT）。这项技术的应用，使高精度图像、低辐射及物质选择性成像成为可能，因此有望实现传统的 CT 成像很难发现的微小癌等初期阶段疾病的早期诊断。东海大学医学部附属医院此次引进的设备是西门子医疗研发的 NAEOTOM Alpha CT 机（图 6–10），这也是该机器在日本的首次使用。

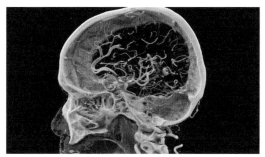

图 6-10　用 NAEOTOM Alpha CT 机拍摄的头部血管影像

（来源：西门子医疗）

西门子医疗开发的 NAEOTOM AlPha CT 机装备了光子计数探测器（图 6-11）。光子计数探测器由碲化镉（CdTe）单结晶元件构成，用来接收半导体发出的放射线。穿透人体的 X 射线的光子到达探测器，每个光子的能量都会产生电子，此能量值作为脉冲信息可以被逐个测量。传统的 CT 成像中使用的检测器先将 X 射线转换为可见光，然后再转换为电信号，但这样只能得到 X 射线能量信息的积分值。传统的 CT 探测器可以通过增容至 64 列、128 列来提高性能，但在光子计数 CT 出现前，25 年来探测器的构造并未发生任何变化。

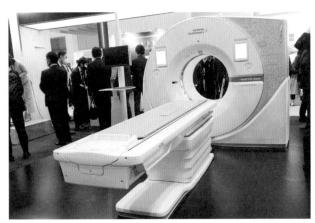

图 6-11　安装了光子计数探测器的"NAEOTOM Alpha"CT 扫描机

（来源：日经 ×TECH）

光子计数 CT 中如果对阳极（从 X 射线光子转换的电子流出的电极）进行精细化处理，不仅可以增加像素数，还可以对光子进行逐一计数，从而得到高分辨率的图像。

东海大学医学部部长森正树对此项技术表示期待，他说："以胰腺癌为例，即使只有 1 cm 也属于晚期癌，因此早期诊断至关重要。如果使用高精度成像 CT，就能检测出几毫米的肿瘤。"

此外，使用该技术还可以降低检查中的辐射量。用光子计数 CT 扫描鼻窦，辐射量为 0.0063 mSv。这相当于成人在日本一天所接收到的天然辐射量。使用传统 CT 拍摄鼻窦时，有效剂量为 0.2 ～ 0.8 mSv，相当于 1 ～ 4 个月的天然辐射量。

另外，光子计数 CT 可以在 0.9 s 内完成超 70 cm 的大范围扫描，而传统 CT 则需要 10 s 左右。

由于光子计数 CT 可测量 X 射线光子的能量信息，所以光谱成像也是该技术的重要特征。光子计数 CT 能通过能量信息来识别血流、炎症、钙化组织等人体内不同的物质，因此可以制作出强调或剔除某些部位的图像。以骨折为例，是使用保守疗法实现骨融合，还是需要进行骨移植，医生需要精确的图像来辅助诊断。我们期待光子计数 CT 卓越的成像技术能够发挥更大的作用。

关于光谱成像的临床应用，东海大学医学部附属医院影像诊断科诊疗科科长桥本顺举例说："如果在心脏的 CT 成像中去除钙化部分，只保留血管内壁的影像，将有助于医生通过准确把握心脏周围冠状动脉的狭窄程度来进行诊断。"传统的心脏 CT 成像中包含钙化部分，医生很难准确判断冠状动脉的狭窄程度（图 6-12）。

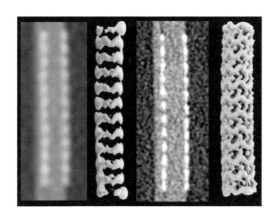

拍摄血管支架。

图 6-12　光子计数 CT（右）与传统 CT（左）的比较

（来源：西门子医疗）

其他公司也在开发光子计数 CT 技术，西门子医疗研发的光子计数 CT

于 2021 年在全球率先上市，2022 年 1 月在日本获得了制造销售认证。光子计数 CT 定价约为 10 亿日元，市场价格约为传统的高端 CT 机的 2 倍。

（江本哲朗　日经医药，

高桥厚妃　日经×TECH·日经数字健康）

AR 健身
——用 AR 技术辅助健身

技术成熟度　高　2030 年期待值　6.0

体育运动的相关企业等正在致力于将 AR（增强现实）和 VR（虚拟现实）技术应用于健身领域。美国的 Liteboxer 公司已经开始提供 VR 拳击健身服务。基于 VR 头盔的健身类服务被认为将助力元宇宙这一朝阳产业的发展。

美国 FitXR 公司深耕 VR 健身领域，该公司 CEO 萨姆·科尔认为，元宇宙产业的潜在发展规模高达 1 万亿美元，而健身行业将是实现元宇宙相关应用的关键。

2022 年 3 月起，美国 Liteboxer 公司开始提供利用 VR 技术的 "Liteboxer VR" 健身辅助服务（图 6-13）。

图 6-13　Liteboxer 公司在 "2022 年国际消费类电子产品展览会（CES2022）" 上发布的 VR 服务

（来源：Liteboxer 公司官方视频中的截图）

Liteboxer VR 服务的硬件采用了美国 Meta 公司销售的 VR 头盔"Quest2"，在其中装载了 VR 形式的拳击训练内容。用户在 VR 空间里可以看到拳击靶，通过击打拳击靶进行训练，另外还可以和其他用户一对一对战，赢取得分。

该公司此前推出过"Liteboxer"拳击机，这款健身机器配备了墙靶和立式靶，帮助用户进行拳击训练。靶上设有 6 个击打盘，训练时击打盘依程序设定或随机发光，用户通过击打发光的目标进行训练。

Liteboxer VR 的订阅费用为每月 18.99 美元，兼容 Liteboxer 拳击机的版本每月也只需 29.99 美元。

除此之外，也有公司尝试将 AR（增强现实）技术引入健身训练中。美国 Mojo Vision 公司研发了智能隐形眼镜"Mojo Lens"，这是一款集合了显示屏、数据传输和眼动追踪系统的智能隐形眼镜，可以在不影响佩戴者自然视野的情况下将 AR 图像和健身表现数据反馈给用户。Mojo Lens 于 2022 年 6 月开始进行佩戴测试。德国的体育用品公司阿迪达斯投资了此项目，准备将 Mojo Lens 应用在健身 APP "Runtastic" 上。

（渡边史敏　记者）

第七章

治疗技术

光免疫疗法药物
——用感光物质破坏癌细胞

技术成熟度 高 2030 年期待值 23.9

光免疫疗法是指把感光物质注射到静脉之后，这些感光物质会附着在癌细胞上，用光照射附着区域时，会发生反应并破坏癌细胞，从而实现人体对癌细胞的免疫。

在日本，这种治疗头颈癌的光免疫疗法药物及配套的激光照射用医疗器械已获批准，越来越多的医疗机构使用该类药物与器械进行治疗。

乐天集团的三木谷浩史社长看到在美国国立卫生研究院（NIH）工作的小林久隆的研究后，对其进行了投资，孵化了此项目。

日本乐天医疗于 2022 年 4 月 19 日宣布，已有 62 家医疗机构（截至 2022 年 4 月 15 日）可向头颈癌患者提供基于光免疫疗法药物"Akalux"和激光照射用医疗器械"BioBlade 激光系统"的治疗。Akalux 是将感光化合物与癌症抗体药物西妥昔单抗结合而成的复合抗体药物。在静脉注射 Akalux 之后，通过 20 ~ 28 小时的光照，结合在癌细胞表面的复合物的结构会发生变化，受其影响，细胞膜的通透性也会发生变化，水渗入细胞内部，导致癌细胞坏死。同时，药物中的有效成分也会持续释放，从而激活人体免疫力。

BioBlade 和 Akalux 于 2020 年 9 月获批，并迅速进入生产和销售环节，分别于 2020 年 12 月和 2021 年 1 月正式销售。但是要在医疗机构开展此项治疗，需要硬件设施、医生、课程培训等方面达到一定的水准。目前，乐天医疗计划与相关学会合作开展培训，逐渐推广此项治疗技术。

2021 年 8 月 25 日，乐天医疗召开了光免疫疗法的说明会，日本国立癌症研究中心东医院的副院长林隆一上台演讲，介绍了由他实施的 Akalux 疗法具体病例。一位头颈癌患者在手术后癌症复发，却无法进行再次手术治疗，于是林隆一为这位患者进行了 2 次光免疫治疗（图 7-1）。

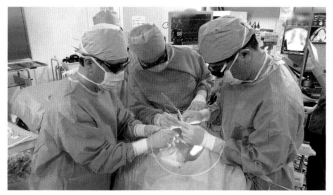

图 7-1　日本国立癌症研究中心东医院使用光免疫疗法进行治疗

（来源：乐天媒体）

在对位于患者下颚的 5 cm 大小的肿瘤进行第 1 次治疗后，肿瘤组织在 3 周内坏死，但因部分肿瘤细胞残留，又进行了第 2 次治疗。林副院长介绍说："我对该技术的最初感受是能有效杀死癌细胞，并且一次激光照射时间也只有几十分钟，与传统的放射线治疗不同，光免疫疗法可以重复进行。"

在日本，光免疫疗法已经在针对局部恶化和复发性头颈癌的治疗方面获得附条件批准。与此同时，海外获批需等待局部复发头颈癌全球三期临床试验结果。

光免疫疗法是在小林久隆的研究成果上发展起来的。小林曾在美国国立卫生研究院（NIH）学习和工作。2016 年，三木谷社长个人出资，参与经营一家已经获得 NIH 专利授权的美国初创公司。2019 年 3 月，三木谷社长将该公司更名为乐天医疗。

小林久隆于 1995 年赴 NIH 深造，在研究将抗体与放射性同位素结合用于诊断和治疗这一课题时，了解到有一种化合物会在光照下活化。他想，如果能找到对波长较长的近红外光敏感的感光化合物，就可以将其用于诊断。随后他全身心投入该项研究中。据小林介绍，Akalux 中使用的光反应性化合物，是在与某企业的成像共同研究中得出的成果。小林说，从学生时代起，他就萌生了通过特异性成像治疗疾病的想法。小林认为，如果在设计化合物时注意降低毒性，就可以只杀死癌细胞，成为一种安全性很高的治疗方法。

据乐天医疗社长虎石贵介绍，为了让这种光免疫疗法药物尽快上市，公司研究了美国的突破疗法和日本的附条件早期批准制度。目前的方针是在包括日美在内的全球范围内做好三期临床试验，同时尽快推进在日本的实际应用。日本在头颈癌的外科手术方面技术先进，而美国在免疫检查点抑制剂的使用方面处于先进水平，这也决定了光免疫疗法能够在日本取得较快进展。

（桥本宗明　日经生物科技·日经商务）

中分子药物研发
——用口服药物瞄准细胞中的目标

技术成熟度　低　2030 年期待值　13.8

中分子药物研发，是指制造出一种比抗体药物等高分子药物的分子量更小的药物。

中分子药物具有可以直接作用于细胞内目标的特点，所以可以制成口服药物。而一般的抗体药物只能从细胞外瞄准目标，因此不能作为口服药物使用。中外制药宣布将中分子药物研发作为"第三支柱"，并持续进行投资。

为了加快中分子药物研发的进度，中外制药在 2022 年 10 月竣工的横滨中外生命科学园中，建立了用于特殊制剂技术开发的专用大楼。

中外制药为了准备生产中分子药物，在浮间研究所投入 45 亿日元建立了实验楼，还在藤枝工厂准备了总额超过 800 亿日元的试验用药及商用生产设备。

从研发情况来看，中外制药自主研发的中分子药物 LUNA18 已于

2021 年 10 月开始进行一期临床试验。LUNA18 是为治疗恶性肿瘤而开发的一种口服泛 RAS 抑制剂，对具有各种基因变异的 RAS（与细胞增殖有关的蛋白质）具有抑制活性。

中外制药在新加坡的研究型分公司建立了中分子药物研发平台。该公司选择环状肽作为制造中分子药物的基础，对数量庞大的环状肽进行合成和评价。研究人员经过分析，认定分子量为 1500 左右的环状肽具有"适宜成为药物的特性"。中外制药已经建成满足此条件的非天然型环状肽库，今后将从中筛选苗头化合物，确定更优质的先导化合物，并进一步优化。

通过化学合成技术可以进行先导化合物的创制、优化，以及化合物的制造。中外制药与学术界等通过外部合作的方式，使用 X 射线晶体学及冷冻电子显微镜成像技术等，对目标蛋白质和苗头化合物进行了立体结构分析。

中外制药利用该平台制造出的候选产品有治疗急症的注射药物和治疗癌症的口服药物，以及正在与大阪大学共同研究的治疗免疫疾病的 10 种口服药物。这些产品目前正处于先导化合物的确定和优化阶段，有望在继 LUNA18 之后的两三年进入临床阶段。

（桥本宗明　日经生物科技·日经商务）

线粒体功能改善药
——治疗线粒体功能异常引发的多种疾病

技术成熟度　中　2030 年期待值　20.3

据悉，线粒体功能异常会导致多种疾病。目前研究人员正在开发改善线粒体功能的治疗方法。其中一部分已经投入使用，并显示出了良好的治疗效果。

线粒体作为细胞内能量三磷酸腺苷（ATP）的生产"工厂"，是各种脏器正常工作不可缺少的细胞器。

由于基因异常或年龄增长等原因，线粒体会发生变化，除已被认定为难以治愈的线粒体病之外，还有连枷（身体和认知功能低下）、糖尿病、冠心病、肾病、渐冻症（肌萎缩侧索硬化症）、耳聋等各种疾病。

改善患者的线粒体功能是治疗这类疾病的新方法，相关研究取得了一定进展。其中，低分子化合物"MA-5"是一种作用于线粒体内膜的蛋白质，能够促进ATP产生。日本东北大学研究生院医学系研究科/医学工学研究科病理液性控制领域的阿部高明研究团队，对MA-5的安全性进行了测评，并开展了确认MA-5在体内动态（代谢和排泄）的一期临床试验。

目前，阿部高明研究团队已经证实MA-5具有促进ATP产生和减少氧化应激的作用。关于MA-5与线粒体内膜的蛋白体结合，阿部教授解释说："MA-5能像拉绳小口袋一样改变内膜结构，使蛋白质密集化，更容易生成ATP（图7-2）。"

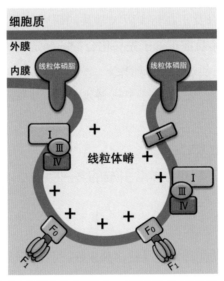

MA-5与存在于线粒体内膜中的线粒体磷脂结合，起到收紧束口的作用，使存在于内膜上的呼吸链复合体聚集，容易产生ATP。

图7-2 MA-5的工作原理

（来源：日本东北大学阿部高明教授）

如果给患者使用 MA-5，患者的细胞内会增加被激活的线粒体，淘汰功能不全的线粒体，从而改善细胞的功能。

线粒体产生的 ATP 对治疗其他疾病也有重要意义。例如，肾脏细胞中含有大量的线粒体，线粒体呼吸产生的 ATP 对于完成过滤和再吸收功能至关重要。肾脏细胞像心肌细胞一样，在这一过程中需要依赖线粒体产生的 ATP。线粒体在肾脏细胞中的作用已经得到了医学领域的广泛认可。

基础实验和动物实验表明，使用 MA-5 可以改善心肌损伤、肾损伤、肝损伤、代谢异常、渐冻症、骨关节炎、肌肉萎缩、听力损伤等。

LUCA Science 是一家成立于 2018 年 12 月的初创公司，专注于开展线粒体相关的医疗业务，菅沼正司任公司的董事长兼首席科学官（CSO）。

该公司基于"将功能低下的线粒体换成健康的线粒体，就能治愈疾病"这一认识，主要研究将健康的线粒体移植到器官细胞中进行治疗。公司名称"LUCA"是"Last Universal Common Ancestor"（所有生物的共同祖先）的缩写，意指线粒体。

菅沼在 2000 年创立了生物领域的初创公司卡芬诗（Canvas），2010年后卸任公司董事长转为经营医院，同时设立了支持线粒体病医药研发的一般社团法人"koinobori[①]"，其后菅沼看好线粒体方面的前沿技术，创立了 LUCA Science 公司。

菅沼创业所依仗的技术是无损提取线粒体的"iMIT"和可以对线粒体进行各种改变的"MITO-Porter"。iMIT 是东京农工大学研究生院工学府的太田善浩副教授开发的技术。具体做法是在细胞膜上开个能让线粒体漏出来的孔洞，通过最小限度的移动性操作和离心分离，提取出保持袋状结构的线粒体。

北海道大学研究生院药学研究院的山田勇磨副教授开发的 MITO-Porter 则是向线粒体内输送物质的技术。

LUCA Science 公司准备开展医疗业务的领域包括心脏、癌症免疫、

---

① 此处为公司名，"koinobori"在日语中为鲤鱼旗。——译者

呼吸系统、产科、中枢神经系统。给心肌梗死的患者进行再灌注治疗时会产生活性氧，导致线粒体受损，因此要通过注入新的线粒体进行弥补。LUCA Science 公司已开始与名古屋大学循环内科进行共同研究。在实验中，对心肌梗死的实验鼠进行再灌注时向体内注入线粒体，此治疗方法的有效性已经得到了验证。今后进一步展开实验，在心肌梗死的患者进行导管治疗之前，尝试经由导管向体内注入线粒体。

（加藤勇治　日经医药，
野村和博　日经生物科技）

嵌合抗原受体 T 细胞免疫疗法
——直接注入基因，破坏癌细胞

技术成熟度　低　2030 年期待值　17.6

以血液系统恶性肿瘤为主要领域，通过识别癌症的标记蛋白来破坏癌细胞的嵌合抗原受体 T 细胞（CAR-T）疗法已进入实用化阶段。

此外，研究人员还在研究为每位患者注入相同的"CAR-T 疗法的基因"这一全新疗法。由于这种方法不需要培养、加工细胞，因此在质量上不易产生偏差。

目前的 CAR-T 疗法是从患者或健康人身上提取细胞，并在其中注入治疗所需的 CAR 基因，因此不仅基因的质量各有差异，而且需要花费一定时间和费用。

基因治疗可分为在生物体外进行提取的体外（Exvivo）疗法与直接注入生物体内的体内（Invivo）疗法。体外疗法指将基因注入从患者或健康人身上提取的细胞里，体内疗法则是将基因直接注入患者体内。

随着传递介质的多样化，体外疗法的基因细胞治疗将被体内疗法取代。体内治疗时无须取出患者自身的细胞，可实现快速注射。用于癌症治疗的嵌合抗原受体 T 细胞（CAR-T）疗法被认为是一项未来可期的体内治疗型基因疗法。通过对传递介质的改进，有望将 CAR 基因的表达变为暂时性的，从而减少不良反应。

美国萨纳生物技术公司（Sana Biotechonlogy）以可输送到 T 细胞等目标细胞的副黏病毒输送介质"Fusosome"为基础，正在研发治疗癌症的 CAR-T 疗法。

美国莫德纳公司（Moderna）和美国 Carisma Therapeutics 公司于 2022 年 1 月达成合作。将 Carisma Therapeutics 公司的基于单核细胞和巨噬细胞的细胞疗法技术与莫德纳公司的技术结合起来，开发嵌合抗原受体单核细胞（CAR-M）疗法。具体做法是将编码识别癌细胞的 CAR 基因的 mRNA 封装在脂质纳米颗粒中，注射进患者体内，在人体内制造识别特定目标的 CAR-M，使其攻击癌细胞。

美国宾夕法尼亚大学的研究团队于 2022 年 1 月发表了治疗心力衰竭的 CAR-T 疗法。研究证实，对于心力衰竭的小鼠，CAR-T 疗法可以将 mRNA 有效送达 T 细胞，还能暂时产生抗纤维性 CAR-T 细胞，帮助小鼠的心脏功能得到一定程度恢复。

（久保田文　日经生物科技）

核酸靶向药物
——作用于转化为蛋白质之前的核酸，适用于各种疾病的治疗

技术成熟度　中　2030 年期待值　10.0

核酸靶向药物是一种低分子药物（低分子化合物），作用于作为蛋白质基础的核酸（mRNA）。

美国 PTC Therapeutics 公司与瑞士罗氏公司合作开发的利司扑兰（Evrysdi）于 2020 年在美国获得批准，用于治疗脊髓性肌肉萎缩症。抗体药物的作用目标是蛋白质，如果核酸靶向药物能够与该蛋白质翻译之前的 mRNA 结合，实现抑制蛋白质翻译，核酸靶向药物的市场将迅速扩大，未

来有可能取代抗体类药物。

目前，日本国内外涌现出一批从事核酸靶向药物研发的初创公司。

Veritas In Silico 公司创立于 2016 年 11 月，该公司凭借董事长中村慎吾开发的计算 mRNA 内部分结构存在概率的基础技术，开展新型核酸靶向药物开发。

中村慎吾表示，目前公司研发的核酸靶向药物的应用领域为"癌症领域 30%，神经、精神疾病领域 23%，罕见病领域 19%"。

Veritas In Silico 公司的化合物合成技术日趋成熟。研发人员基于公司自有的药物研发基础技术，利用 X 射线和核磁共振装置分析 mRNA 的目标结构和苗头化合物复合体的立体结构，并进行量子化学计算。在此基础上进行多方面评估，对化合物进行优先排序，通过结构活性相关性进行优化。

2019 年，Veritas In Silico 公司与日产化学、帝人制药、旭化成制药等公司签署了共同研究协议，2021 年与日本兴和公司签署了共同研究协议。2021 年 7 月和 2021 年 11 月分别与东丽公司和盐野义制药公司签订了共同进行新药研发的协议。

盐野义制药的重点研发领域是感染症和精神、神经系统疾病。Veritas In Silico 公司与盐野义制药共同进行新药研发，旨在针对与上述疾病相关的多个基因，制造出作用于 mRNA 结构的低分子化合物。

盐野义制药拥有在全世界独家开发、制造、销售这些低分子化合物的权利。Veritas In Silico 公司则依合同约定获得一次性的资金收入和研究经费，根据研发阶段的不同，还有可能得到最高 850 亿日元的资金支持。此外，Veritas In Silico 公司还有依据销售额分红提成的权利。

（久保田文　日经生物科技）

数字疗法（DTx）
——利用手机应用程序等信息技术进行疾病的预防、诊断和治疗

技术成熟度　高　2030 年期待值　16.9

数字疗法（DTx）是由软件程序驱动，以循证医学为基础的干预方案，用以治疗、管理或预防疾病。为了促进包括 DTx 在内的医疗器械类软件的实用化，政府正在研讨相关的批准程序和保险支付等问题。

能安装 DTx 的硬件包括智能手机、个人计算机、头戴式 VR（虚拟现实）设备。近年来，研究人员开发了通过游戏形式的程序刺激大脑，或是通过高沉浸感的影像体验，来介入患者的认知等多种机制的 DTx。

世界各国都在努力推进 DTx 的研发工作。在美国，FDA（美国食品药品监督管理局）于 2013 年公布了医疗器械类软件的药物管理方针。又于 2017 年开始完善医疗器械类软件的审批流程，旨在确立一套聚焦软件开发企业，而非软件产品本身的审核流程。

在日本，通过修改 2014 年医药品、医疗器械等法规（旧药事法），将软件列入了医疗器械类（医疗器械软件）的管理范围内。2020 年 11 月，日本厚生劳动省公布了《推进医疗器械软件实用化一揽子战略》，讨论完善相关的准入审查制度及批准审查机制。2021 年 3 月，日本厚生劳动省公布，针对医疗器械类软件设置审查管理室、调查会及综合咨询窗口。

与此同时，日本厚生劳动省公布了《关于医疗器械类软件的适用性指导方针》，提出了由软件开发方自主判断产品是否能归入医疗器械类软件类别的基本构想。

日本厚生劳动省在 2022 年医疗服务费的修订工作中，从明确医疗器械类软件评价的观点出发，在医疗服务费分数表等医学管理类目中，增加了使用医疗器械类软件的条目。

日本菅义伟内阁于 2021 年 6 月在内阁会议上通过了发展战略实行计划，其中明确提到了推进医疗应用程序等医疗器械类软件的开发和实用化，同时要随时修订、完善相关审查机制，帮助软件开发企业切实发展壮大。

2020 年 8 月，Cure App 公司的尼古丁依赖症治疗应用程序获得医药卫生批准，这是日本首个获批的 DTx。2022 年 4 月，该公司的高血压辅助治疗应用程序也获得了药事许可。这个系统由高血压患者使用的智能手机应用程序、医生确认患者数据的电脑端系统及储存数据的云平台构成。

患者将每天的血压、饮食等生活习惯信息输入应用程序中，应用程序内的算法根据患者录入的信息将病情进行分类，确定患者目前所处的阶段。应用程序会根据患者所属的阶段给出适当的建议，帮助患者改善生活习惯。

该公司于 2020 年 1—12 月启动了一项试验，参与实验者为 400 名 26 岁以上 65 岁以下的高血压患者。实验中患者被分为两组，一组仅需每隔 4 周来医院接受日本高血压学会制定的生活习惯改善指导，另一组不仅去医院接受健康指导，还要使用手机上的高血压辅助治疗应用程序。

12 周后，动态血压监测（ABPM）结果显示，24 小时血压、白天血压、夜间血压、清晨血压、睡前血压、诊室血压等项目中使用应用程序的测试组都呈现较低的数值。

该公司正在研发用于非酒精性脂肪肝炎、酒精依赖症和癌症患者药物疗法的辅助治疗应用程序。特别是最后一项，可以监测癌症患者的症状和用药副作用情况，从而减轻癌症患者负担。

2019 年 3 月，盐野义制药公司从美国 Akiri 互动实验室获得了 DTx 在日本和中国台湾地区的独家开发权和销售权。此类 DTx 主要采用小程序游戏的形式，用于治疗儿童注意力缺陷多动障碍（ADHD）。2020 年 4 月，公司在日本开始了该应用程序的二期临床试验。

2020 年 8 月，日本住友制药公司与 DTx 领域的初创公司 Save Medical 签署协议，共同开发一款针对 2 型糖尿病患者的治疗应用程序。

Save Medical 公司于 2020 年 5 月开始该应用程序的三期临床试验。但由于糖化血红蛋白这一主要评估项目的基线变化量没有达标，因此该公司于 2022 年 2 月宣布中止该应用程序的开发。

SUSMED 公司在 2021 年 5—11 月，测试了治疗失眠的应用程序。SUSMED 公司进行了双盲研究，经衡量失眠严重程度的阿森斯失眠量表（AIS）的判定，结果显示，该应用程序对失眠问题有显著作用。该公司基于这一结果，于 2022 年 2 月申请将该应用程序用于治疗失眠。该公司还在开发面向乳腺癌患者的运动疗法应用程序、面向晚期癌症患者的高级辅助应用程序，以及面向慢性肾病患者的肾脏康复应用程序。

（佐藤礼菜　日经生物科技）

MR 医疗
——使用混合现实（MR）技术，3D 远程确认患者情况

技术成熟度　中　2030 年期待值　35.6

MR 是将真实的图像导入虚拟空间的混合现实（Mixed Reality）技术，目前，研究人员正在努力将 MR 技术引入远程医疗领域。

长崎大学和日本微软公司开发出了以风湿病患者为对象的远程医疗系统，其目标是实现专科医生能够远程精准诊疗身处孤岛的患者，提高医疗服务质量。

长崎县五岛中央医院是一座建于孤岛上的医院，在此就诊的患者可以在名为 NURAS 的 MR 系统帮助下，与远在长崎大学的专科医生互动。远程诊疗中使用的设备是微软生产的 Azure Kinect DK 三维视频摄像机及 MR 专用的头戴式显示器 "HoloLens 2"。在诊疗过程中，风湿病专科医生可以用三维图像实时观察风湿病患者手足关节肿胀的部位（图 7-3）。

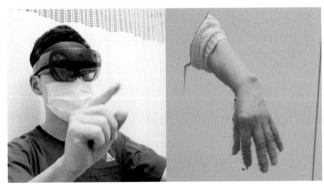

图 7-3　通过 MR 技术将异地患者的手进行投影显示

（来源：日本微软公司）

　　日本微软公司于 2021 年 3 月宣布，将与长崎大学、长崎县五岛中央医院、长崎县、五岛市合作进行实证实验。今后，长崎大学等医疗研究机构将把上述 MR 系统用于其他疾病的诊疗。

　　在实验诊疗过程中，还使用了微软的 AI 技术。专科医生用 AI 分析诊疗中拍摄的关节图像，将关节的肿胀程度与上次诊疗时的情况进行对比。此外，AI 还能分析诊疗过程中患者的表情，判断患者的焦虑程度和满意度，并能将医生与患者的对话通过语音输入记录在电子病历上。

　　微软的 MR 技术曾应用于帕金森病远程医疗系统。顺天堂大学利用微软公司的"Kinect v2"三维摄像机和"HoloLens"头戴显示设备，开发出了可以远程确认患者的姿势、手掌的开合情况、步行等运动状况的系统。

（高桥厚妃　日经 ×TECH·日经数字健康）

医院 CRM
——根据患者情况智能办理出入院

技术成熟度　高　2030 年期待值　7.0

医院和护理机构内"病床管理业务支持系统"的重要性与日俱增。

病床管理业务支持系统可以通过画面直观显示患者的住院时间和空床

状况，也可以统合管理医护人员对患者状态的诊断或判断，还能根据患者的情况智能办理出入院手续，属于广泛意义上的 CRM（客户关系管理）系统。引入这种管理系统将有助于构建地区一体化的医疗护理体系。

京都洛和会音羽医院拥有 548 张床位，引进了病床管理业务支持系统"MEDI-SINUS"（图 7-4）。在医院的电脑显示屏上，不仅可以同时显示 400 张左右病床的运转状况，还可以根据 DPC/PDPS（Diagnosis Procedure Combination，疾病诊断相关分组 /Per-Diem Payment System，按日支付系统）实时查询确认各患者的住院时间和病情，以及需要医疗和护理的患者比例等数据。

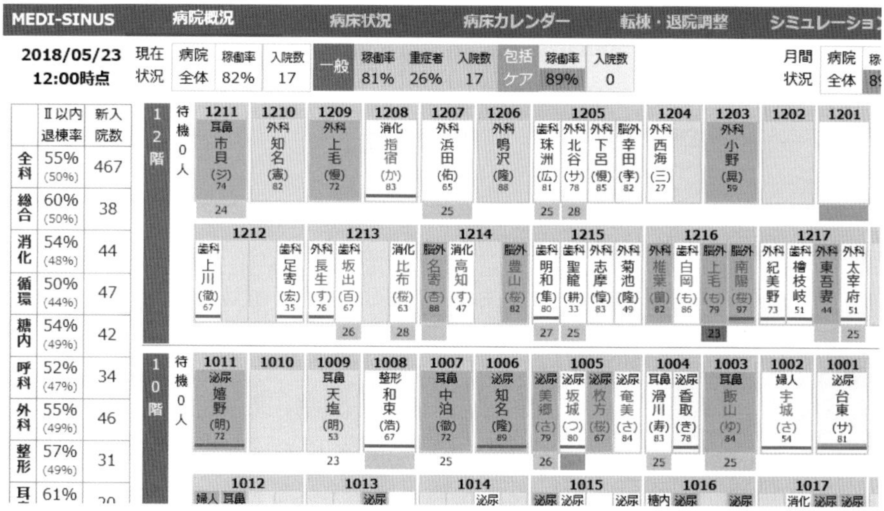

图 7-4　病床管理业务支持系统"MEDI-SINUS"的画面实例

（来源：日星信息技术）

在病床管理业务支持系统中，空床用淡蓝色表示，超过全国平均在院天数的病床用粉红色表示，接近这一天数的病床用黄色表示。该系统不仅能清晰显示出每个患者的护理需求，还可以显示地区一体化的住院楼栋中，其他种类病床的医疗费用情况及 DPC 病床的状况。医疗机构每天通过现场会议等方式共享信息，帮助达到出院指征的患者出院。

此外，同一区域的洛和会音羽康复医院拥有 186 张床位，也引进了相同的病床管理业务支持系统，实现了信息共享。以往从洛和会音羽康复医院转院到洛和会音羽医院，完成全套转院手续需要 16 天，导入该系统后缩短为 11 天。此外，当社区诊所向洛和会音羽医院提出住院申请时，相关的医生也可以立即在电脑上进行确认及回复，提升了响应速度。该系统还可以统合管理医护人员对患者状态的诊断，不仅大大缩短了办理出院手续所需的时间，也节省了汇总患者医疗资料所需的时间。

病床管理业务支持系统不仅对运营多个医疗机构的法人有帮助，还能有助于区域内各医疗机构间的合作。

（丰川琢　日经 HealthyCare）

医疗机器人
——辅助手术、治疗、配药及复健

技术成熟度　中　2030 年期待值　39.1

在医疗机器人中，辅助手术机器人进一步得到普及，越来越多的机器人辅助手术费用被纳入医疗保险覆盖范围。日本生产的手术机器人能更准确地反映日本医疗的需求，已于 2020 年 8 月获批，进入生产、销售环节。另外，医疗机构也在不断引进从事保洁、设备检查、药剂搬运工作的辅助机器人。

日经 BP 综合研究所每年就"100 项新技术"的内容对商务人士进行调查，并请他们从未来发展性、创新性的角度对这些新技术做排序。BP 综合研究所不仅持续调查被商务人士给予厚望的技术，还对比了 2022 年和 2020 年的调查结果。

根据 2022 年 6 月的调查结果，认为医疗机器人（手术、诊疗、配药、康复辅助）在 2022 年具有较高重要性的比例为 43.5%，认为在 2030 年具有较高重要性的比例为 39.1%，两项的占比都非常高，这也反映了在新冠疫情下人们对现有的医疗体制将难以支撑的担忧。

对于"您关注的技术目前处于哪个发展阶段"问题，回复结果中，"处于普及（很多人在使用）阶段"占 5.7%，"处于实用化（作为商品或服务，有一部分人在使用）阶段"占 62.8%，"处于研究开发（商品化准备）阶段"占 28.0%。关于医疗机器人，60% 以上的回答者认为是"实用化"，从这一回复中也可看出人们对医疗机器人的期待。

在 2020 年 8 月的调查中，认为医疗机器人"在 2025 年具有较高重要性"的比例为 28.9%，认为"在 2020 年具有较高重要性"的比例为 16.5%。当时正是新冠疫情肆虐之际，调查中很多人将医疗机器人的用途限定为"搬运药物、自动化消毒"。

（日经 BP 综合研究所未来事业调查组）

护理机器人
——配备 AI 技术的人形机器人开始投入使用

技术成熟度　中　2030 年期待值　58.3

目前研究人员正在进行护理机器人的实际测试。这些护理机器人安装了机器学习型 AI，由工作人员进行初期操作后，护理机器人便可掌握护理状况，进行自动操作。

护理机器人的头部装有摄像头，可以自动绘制护理机构内部的三维地图，据此自行移动。还能识别入住的老人及机构工作人员的面容，用语音与人进行交流。

护理机器人的脚部装有超声波传感器和红外线传感器，测量与周边物体的距离。如遇到椅子或人倒下，可以自动躲避，同时向工作人员报警。

预计护理机器人会被用来搬运物品、定期巡视和守护机构内部设施、紧急联络，以及与入住的老人沟通交流。

关于护理机器人，在日经 BP 综合研究所 2022 年 6 月对 1000 名商务人士进行的调查中，回答"在 2022 年具有较高重要性"的比例为 50.3%，回答"在 2030 年具有较高重要性"的比例为 58.3%。从这些数据可以看出护理机器人技术雄踞技术排行榜前列，也体现了商务人士对此项技术期望很高。

在 2020 年 8 月的调查中，回答护理机器人"在 2020 年具有较高重要性"的比例为 14.2%，回答"在 2025 年具有较高重要性"的比例为 35.6%。可以看出，与 2020 年的调查结果相比，现在人们大幅提高了对护理机器人的期待值。

在 2022 年 6 月的调查中，对于"您认为护理机器人目前处于哪个发展阶段"这一问题，回答"处于普及（很多人在使用）阶段"占 3.6%，回答"处于实用化（作为商品或服务，有一部分人在使用）阶段"占 47.1%，回答"处于研究开发（商品化准备）阶段"占 47.3%。

（日经 BP 综合研究所未来事业调查组）

肠道换气法
——把液体注入肛门，从肠道向全身输送氧气

技术成熟度　低　2030 年期待值　0.9

东京医科齿科大学的武部贵则教授研发了一种新的呼吸管理方式——"肠道换气法"。具体操作是将液体以灌肠的操作方式灌入肛门，从而实现从肠道向全身输送氧气。

武部教授在研究应对呼吸衰竭的新型呼吸管理方式时，特别关注了"肠道呼吸"这一现象，经过研究发现，老鼠、猪等哺乳类动物可以通过肠道呼吸改善呼吸衰竭。

2021 年 5 月，国际科学杂志 *Med* 网络版发表了关于肠道换气（Enteral Ventilation，EVA）的研究成果。这是武部教授与名古屋大学研究生院医学系研究科呼吸外科的芳川丰史教授、京都大学呼吸外科的伊达洋至教授

共同研究的成果。

  肠道换气法用途广泛，可以用于治疗新型冠状病毒感染（COVID-19）
等引起的呼吸衰竭、改善肌肉萎缩患者的呼吸管理，还可作为急诊医疗中
的急救措施。

  为了研究严重呼吸衰竭的新型治疗方法（图7-5），武部教授研究了
各种生物体的呼吸方法。他注意到了泥鳅在水中用鳃呼吸，在泥土等氧气
不足的环境中则转为肠呼吸。虽然泥鳅和人类身体构造与所处的环境都不
同，但有一个共同点。武部教授解释说，"泥鳅用肠呼吸时，用称为后肠
的肠管后部吸收氧气，该部位毛细血管密集，黏膜很薄。人类肛门附近有
直肠静脉丛，该部位的黏膜较薄，血液循环非常活跃。因为直肠静脉丛的
药物吸收效果非常好，所以经由肛门给药的方式早已有之。"

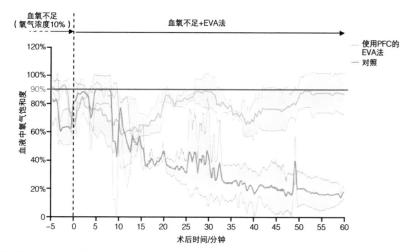

呼吸衰竭表现为血氧饱和度低于90%。

图7-5　以肠道呼吸改善呼吸衰竭

（来源：武部教授）

  武部教授从泥鳅的肠呼吸现象获得启发，开始以小鼠为对象的试验。
他将小鼠置于致命的低氧环境下，再向小鼠的肛门注入氧气，研究此举能
否提高小鼠的存活率。结果显示，与未注氧组相比，注氧组的存活率更

高。考虑到泥鳅的后肠黏膜非常薄，将小鼠的直肠黏膜拉薄后再注入氧气，小鼠的存活率进一步得到提升。

武部教授接着将氧气充进全氟化碳（PFC）中，再用灌肠的方法，把全氟化碳从肛门注入暴露在致命低氧环境下的小鼠体内。原本小鼠在低氧环境下处于低氧血症的状态，但注入含氧的全氟化碳后血液中的氧饱和度上升，血氧改善的状态持续了 60 分钟。而没有采取任何措施的小鼠血氧饱和度明显下降，呼吸衰竭恶化。

在以猪为对象的研究中，血氧饱和度和氧分压也得到了显著改善。在对小鼠进行的安全性试验中，也没有发现明显的不良反应。至此，对人进行肠道换气法的临床应用逐渐成为现实。

武部教授的目标是在 2022 年以人为对象，开展治疗呼吸衰竭的肠道换气法的临床试验。试验的第一步是保证安全性。临床试验由成立于 2021 年的初创公司 EVA Therapeutics 主导，该公司以肠道呼吸法的实用化为目标，武部教授为公司创始人。公司的销售部门由医药品、医疗器械业界的资深人士组成，主要负责与医药品医疗器械综合机构（PMDA）沟通临床效果的鉴定工作，以及申请批文、推动产品落地。

在医疗现场使用肠道换气法时，可以考虑将全氟化碳装在点滴袋内，在医院内充氧后安装灌肠用喷嘴，将喷嘴插入呼吸困难患者的肛门，可在 2～3 分钟内向体内注入 500 mL 的含氧全氟化碳。其中，点滴袋和喷嘴委托灌肠用具的专业厂家生产，并且改进规格，使之更加适合肠道呼吸法使用。因此，未来在申请审批时将以医疗器械的名目进行申报，而非医药品。

武部教授说："根据目前的研究，注入含氧全氟化碳后几分钟内氧气就会到达全身，体内血氧的改善状态至少持续 30 分钟。希望通过临床试验验证该方法的安全性和有效性，最晚在 5 年内投入使用。今后的课题是确保大量且廉价的全氟化碳供应，以及研发出能够持续进行肠道换气的方法。"

肠道换气法的研究开辟了医学新道路，但在研究开始的最初 3 年中，周围的人很难理解肠道换气这一方法。该研究不仅没有过往数据和参考文献支撑，也拿不到研究经费。但是在老鼠和猪的试验结果出来之后，肠道换气法在医学界得到了一定程度的认可。

在 2020 年开始的新型冠状病毒感染的影响下，重症肺炎合并呼吸衰竭患者增加，呼吸衰竭的治疗需求也持续增长，人工呼吸器和体外膜型人工肺的不足已成为社会问题。在此背景下肠道换气的研究备受关注，得到了日本医疗研究开发机构（AMED）的"新型冠状病毒感染的研究"等大型科研项目的支持。

（佐田节子　撰稿人）

第八章

工作方式与商务场景

材料信息学

——利用 AI 技术助力材料开发

技术成熟度　高　2030 年期待值　20.6

材料信息技术（MI）利用机器学习等技术，提高材料开发效率。目前化学企业和材料企业纷纷开展基于材料信息技术的新材料开发工作。

材料信息技术用积累的实验数据训练机器学习模型，运用该模型根据候选材料的结构和生成过程等，预测材料的功能和特性，还能预测满足某种功能和特性的材料分子结构和生成过程。

旭化成、住友化学、瑞翁、三井化学、三菱化工、AGC 等日本企业设立了材料信息技术研发的部门，开展人才培养等工作。例如，在过去，瑞翁公司的技术人员需要一周时间才能完成符合顾客需求的轮胎配方，而现在，公司利用其积累的约 200 万份实验数据和约 10 万份轮胎配方，创建了一种机器学习模型，可以根据顾客对轮胎各方面的需求进行反向分析，很快就能自动生成轮胎配方（图 8-1）。

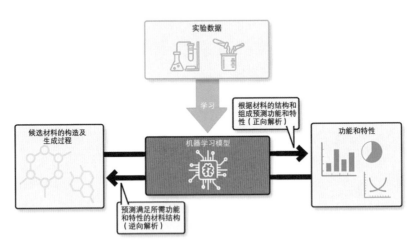

AI 预测材料的功能与特性。

图 8-1　材料信息学的机制

（来源：日经计算机）

创建机器学习模型需要准备大量的实验数据。日本的相关企业正在进行收集积累实验数据、增加实验次数、通过虚拟实验增加实验数据等准备工作。为了收集和积累数据，这些公司还搭建了材料信息技术数据管理平台，该平台由包含实验结果等数值数据的数据库和搜索引擎组成。平台内存储了论文、实验笔记等非结构化数据，能实现检索。

　　例如，旭化成公司在过去实验数据的基础上，从公司内外广泛收集了论文、专利文件、产品目录等技术文件及实验笔记，并且实现了这些数据的可搜索化，能根据需要检索和提取信息。此外，还整合了用于创建机器学习模型的软件工具"IFX–Hub"，旭化成公司的研究人员可以通过 AI 来筛选候选材料。

　　为了提高研发效率，旭化成公司目前正在进行"高通量实验"和"自动实验"，通过机器的自动化处理，将人工实验自动化，大幅增加单位时间内的实验次数。通过嵌入机器人技术的实验装置，可以实现材料候补试剂的合成、对合成试剂的过滤和提纯、材料候补物性的参数测定等实验过程的自动化。

　　三菱化工的材料设计实验室主任研究员堀田一海正在进行关于有机半导体激光候选材料的实验，这项研究从材料的合成到提纯、物性评价全部实现了自动化。堀田研究员首先将由九州大学安达千波矢教授研发的有机半导体激光材料进行部分重新组合，制造出了 40 个候选材料。然后借助瑞士 Chemspeed 公司制造的试剂合成机器人，合成了候选试剂（图 8–2）。堀田研究员经过对 40 个候选材料进行测试后，最终确定了 8 个合适的候选材料。该自动实验花费了两天时间，目前三菱化工正在研究引入自动合成试剂及自动调节试剂温度的设备。

　　用超级计算机进行分子水平的模拟，这一虚拟实验可用来增加实验数据。此方法始于 20 世纪 90 年代，近年来，研究人员将虚拟实验得出的结果作为训练数据，进行深度学习后建立模型，用来预测实验结果。

图 8-2 瑞士 Chemspeed 公司开发的试剂材料自动合成仪

（来源：AML）

与普通模型相比，机器学习模型预测结果的速度要快得多。因此，通过机器学习模型有可能缩短筛选材料所需的时间。日本的统计数理研究所主持开展了"创造变革数据驱动型高分子材料研究的数据基础"项目，使用富岳超级计算机进行了大量聚合物的物性模拟，构建了 10 万多种聚合物材料相关的虚拟实验数据库，并将该数据库用于创建机器学习模型。三菱化工、JSR、三井化学、旭化成、电装等 14 家民营企业参与了该项目的建设。

（马本宽子　日经 ×TECH·日经计算机）

使用影像远程检查
——远程连接作业现场与检查员

技术成熟度　高　2030 年期待值　19.4

通过网络将作业现场和检查员（订货者）的办公室连接起来，能够实现远距离检查。

2021 年 12 月鹿岛建设公司和理光集团宣布研发出一项新技术，可以让多人远程随时参与到 360° 直播的视频中。施工现场负责人和身处异地的项目相关人员可以进入同一个虚拟现实（VR）空间，检视河流工程现场并随时交换意见。

鹿岛建设公司技术人员提到，如果使用 360° 全景摄像机的话，"以往因为视角限制而看不到的地方也能一览无余，远程参与的工作人员可以像在现场一样确认周围的状况"。

另外，参与检查的各方之间交流也变得容易，"可以比以往更迅速地达成共识"。

也有公司使用这套设备对工厂的作业情况进行远程检查。员工拿着360° 全景摄像机和网络摄像机进入制造施工构件的工厂，现场直播检查的情况，工程相关人员可以通过远程观看影像来参与检查。而在以前，工程相关人员都需要去工厂进行实地检查。

日经 BP 综合研究所每年就 "100 项新技术" 的内容对商务人士进行调查，请他们从未来的发展性、创新性的角度对这些技术做排序。

关于使用影像的远程检查，2022 年 6 月日经 BP 综合研究所对 1000 名商务人士进行的调查结果显示，回答 "在 2022 年具有较高重要性" 的比例为 24%，回答 "在 2030 年具有较高重要性" 的比例为 19.4%。

在 2020 年 8 月的调查中，关于使用影像的远程检查问题，回答 "在 2020 年具有较高重要性" 的人占 31.1%，回答 "在 2025 年具有较高重要性" 的人占 19.1%。

虽然回答者对未来的期待值没有太大变化，但是从当下的期待值来看，2022 年比 2020 年要低。也许 2020 年新冠疫情的蔓延，使得人们对远程检查和非接触等技术抱有较高的期待。

（日经 BP 综合研究所未来事业调查组）

虚拟办公室
——在虚拟空间举行会议，全身虚拟化身出席现实会议

技术成熟度　中　2030 年期待值　15.5

为了填补办公室员工和居家员工之间因物理距离而产生的沟通鸿沟，目前出现了使用虚拟化身和虚拟办公室来提升工作环境的技术工具。

美国 Meta 公司于 2021 年 8 月推出了"Horizon Workrooms"的公测版，这是一个 VR 办公协作系统，可以提供在 CG（计算机图形学）虚拟空间举办会议和研讨会的服务。

美国的微软研究院推出了"VROOM（Virtual Robot Overlayfor Online Meetings）"，可以将真人大小的虚拟化身作为三维影像投影在线下的办公室中。

在 Horizon Workrooms 中，用户可以用和自己一样的 VR（虚拟现实）化身，在虚拟空间中参加会议。虚拟化身系统"Oculus"提供了面部五官、体型和服装等 100 种造型，用户可以制作与自己高度相似的虚拟化身。

用户可以在虚拟办公室里进行头脑风暴，还可以在白板上写下想法。在有多名虚拟化身参加的虚拟会议上，根据所坐的位置不同，声音传来的方向还会发生变化。这是为了营造与会者在同一个房间里围坐在会议桌前开会的氛围。

Meta 还将 Horizon Workrooms 定位为 MR（混合现实）体验场所。其公测版在使用 Oculus Quest 2 的国家可以免费下载。

另外，VROOM 可以让真人大小的虚拟化身在现实的办公室内移动。若远程办公的员工戴上 Windows Mixed Reality 头戴设备，办公室的员工戴上 HoloLensAR 头戴设备，双方就可实现线下会议般的沟通效果。目前，在 VROOM 中的一对一对话已经通过了技术认证。今后还将测试多人对话的可能性，推进该项技术的实用化。

（德永太郎　日经 BP 综合研究所）

人才分析
——利用 AI 录用和配置人才

技术成熟度　高　2030 年期待值　10.0

人才分析是通过收集和分析与人才相关的数据，为人才管理相关决策提供帮助的工具。在分析数据时，会使用统计学、AI、文本挖掘、BI（商务智能）等技术和方法。

传统的人才招聘往往依赖上司和人事负责人的直觉和经验。但在远程办公不断普及的情况下，如何管理员工，培养新员工的敬业度是公司亟待解决的问题。

最近有些企业运用人才分析方法，总结出帮助员工成长的领导策略，进而采取措施，提高年轻员工的积极性（表 8-1）。

表 8-1　采用人才分析方法的企业

企业名称	措施
日本电气	由因果分析总结出"改变团队的知识"，并在公司内部推广
NTT 通信	有效利用工作方式变革后的相关数据
希森美康	人事部门不随意介入，根据个人和组织的意愿来决定人才配置
三菱化工	敬业度调查的结果分析与解决本公司问题的方法

来源：根据人力资源分析与人力资源技术协会"Digital HR Competition 2022"的统计结果，由人力资本在线公司（Human Capital Online）制作。

采取这些措施的目的是提高人事决策的精准度。如今，随着经营环境不断变化，人才和工作方式更加多样化，能否处理好与人相关的决策直接关系到公司业绩的好坏。

通过人才分析技术，还能发现之前没有注意到的问题。对员工的技能、性格、价值观的数据与工作成果的相关性进行分析，能掌握员工在不同岗位的活跃度，防止员工和工作不匹配。

虽然企业的人事部门负责与人事相关的决策，但一直以来人事部门都缺少收集和分析数据所需的人才和环境。但随着2010年以后用于收集和分析数据的IT工具的使用成本迅速下降，基本消除了成本方面的阻碍因素。为此，越来越多的企业通过寻求内外部数据专家的协助，或者在人事部门培养数据人才，深入开展人才分析工作。

（吉川和宏　人力资本在线公司）

人类数字孪生
——用IT技术复制人类，预测人类消费行为

技术成熟度　中　2030年期待值　11.3

数字孪生是以现实世界的数据为基础制造"数字双胞胎"的技术，目前业界正在研究该技术如何应用于人类自身。

日本NTT集团提出了2027年在个人数字孪生上再现"另一个自己（Another Me）"的目标。

NTT集团于2020年3月设立了"数字孪生计算研究中心"。在此，NTT提出了"IOWN（Innovative Optical & Wireless Network）"，即基于光学技术创新来创建下一代通信基础设施的设想。

IOWN旨在建立一个包含现实世界中城市和人类的巨大数字孪生体系，还希望实现将人的个性和思考等内在信息数字化，形成"人类数字孪生"。

人类数字孪生不仅可以还原现实世界中人的身体要素，还强调在数字世界里还原人的内在要素。换言之，将个性、感性、思考、技能等人的内在个体特征作为数字数据来处理。如果实现内外两个方面的个人特征结合，就能提供高度个性化的产品和服务。

通过人类的数字孪生平台，甚至能提前预测人的发展路径，即如果要实现自己理想的生活，需要进入哪所学校、在哪家公司就业、在哪个领域

发展等。

但是，人类数字孪生可能会引发个人信息泄露、侵犯隐私等伦理问题。而且如果在虚拟办公室中应用人类数字孪生，那么现实世界中人与人之间的真实联系将面临被淡化的风险。

NTT 集团不仅致力于解决人类数字孪生的技术问题，也积极研究相关的社会领域问题，主张从伦理、法律、社会影响（Ethical，Legal and Social Issues，ELSI）这几个要素出发，探讨人类数字孪生应用于现实社会的条件。

（德永太郎　日经 BP 综合研究所）

线上教育
——随时随地接受教育和开展研修

技术成熟度　高　2030 年期待值　16.5

教育和研修的在线服务正在迅速发展。人们利用互联网和电脑，无论在哪里都可以接受教育和开展研修。

但是对于企业来说，和线上办公一样，线上教育和电话会议是为了应对新冠疫情而被紧急引入的，所以如何吸引听课者的兴趣，让他们继续学习是一个问题。

2020 年 8 月，日经 BP 综合研究所在就"100 项新技术"调查中，回答在线教育"在 2020 年具有较高重要性"的比例高达 51.8%。因为 2020 年新冠疫情持续扩散，人们对远程办公的期待值很高。而回答"在 2025 年具有较高重要性"的比例为 26.4%。

在 2022 年 6 月对在线教育的调查中，回答"在 2022 年具有较高重要性"的比例为 36.3%，虽然比两年前有所下降，但总体占比还是很高。回答"在 2030 年具有较高重要性"的比例则为 16.5%。

在 2022 年 6 月的调查中，对于"您认为在线教育目前处于哪个阶段"

这个问题，回答"普及（很多人在使用）"的比例为49.6%，回答"实用化（作为商品或服务，有一部分人在使用）"的比例为46.3%，回答"研究开发（商品化准备）"的比例为3.9%。

实际上，目前有很多在线教育服务，有付费服务，也有免费的。现阶段的重点是如何有效利用这些在线教育服务。在线教育中的学习分析是一种强大的工具，它通过对反映学习状况的相关数据进行深入分析，来提高学员的学习效率。

（日经 BP 综合研究所未来事业调查组）

烹饪机器人
——针对人手不足而开发出来的自动化烹饪机器人

技术成熟度　中　2030 年期待值　10.4

在餐厅普遍人手不足的背景下，烹饪机器人受到了广泛关注。虽然送餐机器人的应用在不断发展，但自助餐厅后厨人员紧张的问题十分严峻，因此烹饪自动化是亟须解决的一大问题。目前，有些餐厅开始引入烹饪机器人，取得了一些进展，今后这一领域的开发还将加速。

JR-Cross 公司主要负责运营 JR（日本铁道）东日本集团设在各车站内的餐饮店，最近，该公司在主营荞麦面的"Sobaichi Perrier 海滨幕张店"中引入了烹饪机器人（图 8-3）。机器人代替工作人员承担煮面工作，减少了店铺运营所需的人员。

与 JR-Cross 共同开发烹饪机器人并提供相关服务的是 Connected Robotics 公司，该公司于 2014 年由有泽登哲也创立，是一家风险投资企业。有泽具有丰富的餐饮从业经验，创立公司的目的是利用机器人解决餐饮行业的人手不足问题。

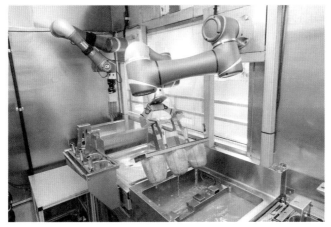

图8-3　煮荞麦面的烹饪机器人

（来源：日经 Robotics）

　　Sobaichi Perrier 海滨幕张店引进的是两台联动型机器人。一台负责把荞麦面投入笊篱，另一台负责煮面、过冷水、沥干，每小时可以煮 150 份荞麦面。

　　车站内的荞麦面餐厅菜单都比较简单，所以机器人需要操作的动作并不多，容易实现自动化。在"Sobaichi"这一系列的连锁店中只提供荞麦面，并不提供乌冬面，而且作为主料的荞麦面条也只有一种，所以易于实现自动化。

　　关于使用机械臂的自动化烹饪，也存在很多需要解决的问题，如"机器人动作的教学成本很高""目前的机械臂很难操作蔬菜和肉类等形状不固定、质地柔软的食材"等。

　　截至 2022 年 6 月，JR-Cross 共在 4 家餐厅里配置了煮荞麦面的机器人，今后在进行餐厅设计和改装时，还将优先考虑引入烹饪机器人这一前提。Connected Robotics 公司的人士表示："到 2026 年，计划在 JR-Cross 运营的 30 家车站荞麦面餐厅中全部安装烹饪机器人。"

（长场景子　日经 ×TECH・日经机器人）

无人机配送
——无须员工即可配送商品

技术成熟度　中　2030年期待值　36.2

2022年3月，专业制造无人机的ACSL公司和拥有无人机重心控制等技术的Aero next公司，共同发布了量产型物流专用无人机"Air Truck"。这是首款能够搬运5 kg以上货物的日产物流无人机。

在ACSL公司和Aero next公司共同开发的物流专用无人机Air Truck（图8-4）上，使用了Aero next公司拥有专利的无人机重心控制技术"4D Gravity"，该技术能控制货物的晃动，实现平稳飞行。

尺寸：展开时1.7 m×1.5 m，收纳时1.0 m×1.5 m，高0.44 m。机体重量为10 kg，有效载荷为5 kg。最大飞行速度为10 m/s，最长飞行时间约为50 min，最长飞行距离为20 km。

图8-4　多功能型物流专用无人机"Air Truck"

（来源：日经 ×TECH）

4D Gravity技术的关键在于采用了"分离独立结构"，即无人机上旋翼等飞行部位和搭载的货物是独立的两个部分，两者之间用双轴连接在一起。因此，机身倾斜的情况下无人机重心也保持不变，货物能维持水平状态。而市面上的无人机则大多采用飞行部分和货物装载部分一体化的设计。

Air Truck无人机有效载荷（最大装载量）为5 kg，而ACSL的上一代机型（ACSL-PF2）的有效载荷不到 3 kg。ACSL 的鹫谷聪之社长兼首席运营官（COO）对此表示："5 kg 对应的是快递服务中常见的 80 cm 尺寸（物品的长宽高三边相加小于 80 cm）的物品，可以覆盖大部分的物流需求。"

打开机体上方的外壳可以放入货物，着陆后行李从无人机机体下方自动卸出。因此，即使是对无人机控制毫无经验的人员，也能进行放置和接收货物的操作。

Air Truck 无人机的送货区域现为北海道上士幌町、山梨县小菅村、茨城县境町、福井县敦贺市、北海道东川町 5 处。这五地的行政长官共同签署了"为推进新智慧物流的地方政府广域合作协定"，今后还将共享无人机物流的实际操作案例和引入方法，积累经验和相关知识。

（内田泰　日经 ×TECH・日经电子）

陶瓷 3D 打印
——新型陶瓷材料，塑造精致的三维结构

技术成熟度　中　2030 年期待值　3.5

陶瓷作为 3D 打印机的常用材料，因其能够塑造精致复杂的立体造型而备受关注。

三井金属矿业公司开始提供使用新型陶瓷材料的 3D 委托打印服务。AGC 陶瓷公司开发出用于 3D 打印机的陶瓷造型材料"BRIGHTORB"（图 8-5），并且还发现其在工程技术以外的可能用途。

三井金属矿业公司于 2022 年 4 月宣布将与日本亚速旺公司、澳大利亚 Lithoz 公司合作，开始提供"使用新型陶瓷材料的 3D 委托打印服务"。

新型陶瓷具有良好的耐热性和抗磨损性，被广泛应用于从半导体到医疗的各个领域。此外，基于航空航天、汽车制造、牙科和再生医疗等领域对于精密造型和定制化服务的需求呈不断增长态势，新型陶瓷 3D 打印服务也有望承接来自这些领域的业务委托。

图 8-5　使用 BRIGHTORB 材料打印的样品

（来源：AGC 陶瓷）

目前在新型陶瓷 3D 打印中常用的材料为氧化铝（图 8-6），此外也有氧化锆、二氧化硅、氮化硅、磷灰石等。

图 8-6　使用氧化铝材料打印的样品

（来源：三井金属）

亚速旺公司是经营研究实验用精密仪器和医疗用品的综合贸易公司。Lithoz 公司致力于研发实现高密度、高精度三维制造的陶瓷 3D 打印机，并引进了三井金属的烧制技术来提供高附加值的服务。

另外，由 AGC 陶瓷开发的用于 3D 打印机的陶瓷材料 BRIGHTORB 是由极微小颗粒（约 50 μm）的人工陶瓷珠和经水硬化后的氧化铝水泥组成的混合粉末。使用 BRIGHTORB 高性能陶瓷材料，可以以 ±0.5 mm 的高精度制造出三维 CAD 设计的精细造型物。

而且，由于 BRIGHTORB 在烧结过程中打印组件的收缩系数小于 1%，因此也开始应用于工程领域，用来制造铸造不锈钢和铸钢的精密熔模，而此前这是 3D 打印机很难实现的任务。此外，因为 BRIGHTORB 高性能陶瓷材料具有超高的造型精度，也有望应用于艺术设计等创意领域。

（狩集浩志　日经 BP 综合研究所）

嵌入式金融
——非金融公司在企业服务中嵌入金融功能

技术成熟度　高　2030 年期待值　3.9

嵌入式金融是指非金融公司在服务中增加金融服务功能。目前，山田控股和 NTT DoCoMo 公司都在积极引入嵌入式金融。以前，这些公司若要参与金融相关的业务，通常需要获得银行牌照等金融行业中的执照（图 8-7）。而嵌入式金融的出现，使得金融业和非金融业的界限变得模糊，由此也将诞生一系列新的商机。

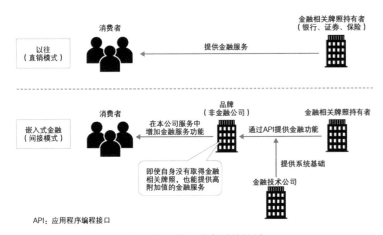

图 8-7　嵌入式金融的构造

（来源：日经 ×TECH　基于 Infcurion 资料制作）

山田控股集团（山田HD）利用住信SBI网络银行的BaaS（银行服务），通过山田金融服务这一子公司，于2021年7月推出全新的金融服务"山田NEOBANK"。由此，山田控股借助嵌入式金融正式进军银行服务领域。

山田控股的业务统辖本部金融部门负责人古谷野贤一说："我们的目标不是成为银行（Bank），而是享有银行功能（Banking）。"

山田NEOBANK通过山田控股开发的"山田数码会员"手机应用程序，向用户提供存款、结算、融资等服务。此款应用程序还能帮助用户积累积分、操作ATM（自动取款机）。

山田控股旗下有山田电器公司，以及与住宅相关的山田Homes、Hinokiya集团、大塚家具等公司。山田控股积极利用自身优势，推出涵盖购买家具、家电等资金的一揽子住房贷款计划。

通过嵌入式金融，从事非金融业务的公司（品牌）可以与银行等金融机构（牌照持有者）联手，在自己的服务中嵌入金融功能（表8-2）。过去，像山田控股这样的非金融公司如果想开展银行服务，必须取得银行牌照，才能向顾客提供金融商品和服务。例如，Seven&I控股公司旗下有7-11银行，而永旺集团则拥有永旺银行。但是这种传统的模式需要高额成本来构筑系统、建立相应的组织体制，准入门槛很高。

表8-2 公司开展嵌入式金融功能服务的例子

企业名称	合作方	概要
NTT DoCoMo	三菱日联银行	2022年提供根据交易情况积累共同积分"d POINT"的数字账户服务，双方也在讨论住房贷款和理财领域的合作，还计划成立合资公司
SHOWROOM	GMO网络银行	直播者从观众那里收到的礼物可以立即变现

企业名称	合作方	概要
文化便利俱乐部（CCC）	住信 SBI 网络银行	从 2021 年 3 月开始，通过集团公司的 T-money 向约 7000 万个 T 会员提供"T NEOBANK"服务，并根据账户交易金额积累共同积分"T-point"
7-11 银行	SmartPlus	2022 年夏，向 7-11 银行账户提供购买股票等服务
日本航空（JAL）	住信 SBI 网络银行	2020 年 4 月起，通过集团公司的 JAL 付费端口接入"JAL NEOBANK"服务，还可根据消费金额积累里程
Temp Staff 集团	Minna Bank	2021 年 10 月，在 Minna Bank 内开设"Temp Staff 支行"。工作人员登录后可通过该行的手机应用程序进行存取款等交易
Pixiv	Minna Bank	2021 年 9 月，在 Minna Bank 内开设"Pixiv 支行"。使用 Pixiv 运营服务的创作者和粉丝可以通过该公司的手机应用程序进行存取款等交易
山田控股	住信 SBI 网络银行	2021 年 7 月起通过集团子公司山田金融服务，推出"山田 NEOBANK"金融服务，可提供涵盖购买家具和家电费用的一揽子住房贷款计划

来源：日经 ×TECH。

NTT DoCoMo 计划利用三菱日联银行的 BaaS，从 2022 年开始向 DoCoMo 用户提供可累积"d POINT"积分的数字账户。

该数字账户可以支付 DoCoMo 的通信费用，也可以作为"d CARD"信用卡的支付账户，通过支付交易等还可以积累"d POINT"积分。目前双方还将探讨在住房贷款领域的合作，甚至计划今后成立合资公司。

山田控股和 DoCoMo 的共同之处在于，在进军银行和证券服务领域时，将其定位为帮助发展主业的延伸措施。而嵌入式金融以相对合理的价格提供金融支持，这是两者合作的关键所在。

嵌入式金融主要由以下三方组成：一是在本公司的服务中嵌入金融功能，向顾客提供商品或服务的非金融企业；二是作为"牌照持有者"的银行等金融机构；三是为双方提供系统支持，连接非金融企业和金融机构的金融技术公司。Finatext Holdings 和 Infcurion 等公司就属于金融技术公司。Finatext 的首席财务官伊藤佑一郎表示："对于广大的非金融公司而言，使用嵌入式金融与直接进入银行领域相比，能将系统和人才的投资成本降至1/10 左右。"

（山端宏实　日经 ×TECH·日经计算机）

无现金支付
——无须现金即可支付

技术成熟度　高　2030 年期待值　11.0

如今将无现金支付作为"改变世界的技术"来讨论可能会显得有些奇怪，但由于新冠疫情的影响，社会上也出现了"不想接触现金"这一以往从未有过的现象。

为了降低被感染的概率，消费者减少了外出，选择网上购物，而网购增多也推动了无现金支付的进程。

日经 BP 综合研究所每年就"100 项新技术"的内容对商务人士进行调查，请他们从未来的发展性、创新性的角度对这些技术做排序。

在 2020 年 8 月的调查中，对于无现金支付，回答"在 2020 年具有较高重要性"的比例高达 60.0%。因为 2020 年新冠疫情蔓延，人们对无接触的支付方式抱有很高的期待。回答"在 2025 年具有较高重要性"的人占 30.5%。

在 2022 年 6 月的调查中，当被问及无现金支付时，31.0% 的人回答"在 2022 年具有较高重要性"，虽然比两年前有所下降，但仍占很大比例。回答"在 2030 年具有较高重要性"的比例则为 11.0%。

在 2022 年 6 月的调查中，当被问到"无现金支付服务目前处于哪个阶段"时，回答"普及（很多人在使用）"的占 80.3%，回答"实用化（作为商品或服务，有一部分人在使用）"的占 17.4%，回答"研究开发（商品化准备）"的占 1.6%。

此外，无现金支付仍有继续研究的空间，新的支付模式还在不断涌现。例如，交通工具上出现了"四方模式（Open Loop）"的乘车支付方式。只要用普通的信用卡轻触检票机就能乘车。在英国伦敦、新加坡、美国纽约等各大城市，四方模式下的乘车已成为可能。在日本，熊本市的轨道交通也于 2022 年 7 月 7 日开始了四方模式的乘车实验。

（日经 BP 综合研究所未来事业调查组）

低代码开发
——帮助企业自行研发信息系统

技术成熟度　高　2030 年期待值　6.0

低（无）代码开发让企业全员参与软件开发成为可能，企业无须借助外部人员的力量，就能自行开发改善业务、提高生产效率的企业应用软件。此举可节省人力、削减成本，被认为是解决 IT 人员长期短缺问题的一大法宝。

美国微软公司提供的"Power Platform"是一个低代码工具平台，可以帮助企业自行开发企业应用程序。Power Platform 是微软公司 4 个产品的统称，具体包括"Power Apps""Power Automate""Power BI""Power Virtual Agents"，它们帮助客户在没有相关专业知识的情况下，也能开发出提升业务效率的应用程序和系统。

Power Apps 开发面向个人电脑和智能手机业务的应用程序；Power Automate 进行数据收集，还能创建应对审批等重复性任务的自动化工作流；Power BI（图 8-8）自动分析销售状况和目标进展，并将结果进行可视化呈现；Power Virtual Agents 帮助非 AI 专业人士构建智能对话机器人，以快速响应客户需求。

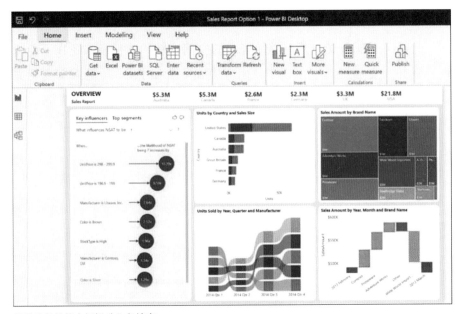

简单编程就能大幅提升业务效率。

图 8-8　通过 Power BI 进行业务数据分析和可视化呈现

（来源：美国微软官网）

在低（无）代码开发出现之前，企业的业务应用程序只能委托专业的第三方公司代为开发。

同时，我们也要看到如果随意引入低（无）代码开发，会导致员工随心所欲地开发各种各样的系统，从而带来很多问题，甚至会产生信息泄露的危机。因此，在引入低（无）代码开发时，需要认识到此种开发方式的巨大影响，需要谨慎选择。

（佐藤怜　撰稿人，

大森敏行　日经 ×TECH）

面向虚拟主播的动作捕捉设备
——高度还原手指动作

技术成熟度　中　2030 年期待值　3.2

对于活跃于 YouTube 上的虚拟主播（V Tuber）而言，在虚拟空间中再现身体动作的动作捕捉技术是不可或缺的。

"Luppet"软件让虚拟化身具有更加生动的面部表情和肢体动作，在虚拟主播相关人士之间很受欢迎，目前已经出售了 8000 多个授权。该软件的特点是价格便宜，而且可以高度还原手指的动作。今后有些店铺将设置大屏幕，用虚拟导购来接待顾客。

Luppet 是由 Luppet-tech 公司的董事长根岸匠开发的。根岸在从事直播服务的 SHOWROOM 公司担任 VR 工程师期间，创立了 Luppet-tech 公司，并开发 Luppet 软件。

根岸在 Luppet 的开发中最下功夫的是手指动作的还原。对此他解释说："虚拟主播要想获得人气，需要让自己的声音和动作与三维或二维的 CG 化身同步，带给观众栩栩如生的现场感与视听体验。"

根岸为了在 VR 空间中还原真人在演奏钢琴等乐器时的手指动作，采用了英国 Ultraleap 公司小型红外传感器 Leap Motion。虚拟化身的手指灵活地游走于琴键间，或是做出 V 字形手势，这些举动让虚拟化身看起来更加真实灵动。

Luppet 通过采用 Leap Motion（图 8-9）而实现了较低的售价。目前 Luppet 面向个人用户的软件授权价为 6000 日元（含税）。用户在使用时只需要 Leap Motion、个人电脑和 Web 摄像机，而无须 VR 头盔和 VR 控制器等昂贵器材。全套软硬件设备价格约为 2 万日元，为市场上同类产品价格的 1/6。因为 Luppet 价格极具竞争力，所以自 2019 年 2 月发布后，就迅速在虚拟主播之间扩散开来。

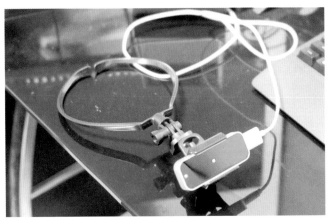

图8-9　挂在脖子上使用的小型红外传感器——Leap　Motion

（来源：日经 ×TECH）

据根岸介绍，着手开发 Luppet 的历史要追溯到 2018 年 6 月，而契机是同年 9 月举行的大型会展活动"涩谷比特谷 2018（Shibuya Bit Valley）"。

SHOWROOM 公司在这次的活动上，策划了一场面向学生的职业咨询会，主题是如何成为工程师。根岸当时是该公司的 VR 工程师，他想把当时风靡一时的虚拟主播引入这项活动中。根岸认为，如果学生能与屏幕上的虚拟角色互动，进行咨询，一定会被深深吸引。于是，他开发了动作捕捉软件"EasyBabiniku"，通过操纵家用游戏机的手柄就能改变虚拟化身的面部表情，而 EasyBabiniku 正是 Luppet 的前身。

2018 年，SHOWROOM 公司在涩谷比特谷活动上展示使用 EasyBabiniku 后，其高精度的动作控制引发了同行的关注。根岸备受鼓舞，开始潜心研发动作捕捉软件，推出了 EasyBabiniku 的升级产品——Luppet。Luppet 实现了更大范围的动作捕捉和还原。

在 Luppet 使用 Leap Motion 进行动作捕捉的过程中，遇到了一个难题，即镜像运动。例如，使用 Leap Motion 时，当检测到用户的右手移动，电脑画面上的虚拟化身也会随之移动右手。但是此时用户看到屏幕上是相反一侧的手在动，而并非像照镜子那样，呈现出同侧的手在动。因此，用户在使用中会感到不适应。

为了解决这个问题，根岸最初只是将影像反转输出，呈现出镜像效果。但如此一来虚拟化身的衣服、饰品、文字都会发生反转。因此，用户对 Luppet 产生了大量的修改要求，基本两天就能接到 1 条，合计收到了 350 条修改投诉。

根岸回忆说："当时不仅是日本国内，海外用户纷纷来咨询，要求修改。而又恰逢自己本职工作最繁忙的时期，所以十分辛苦。"后来根岸捡起大学时代并不擅长的线性代数知识，编写出坐标变换的算法，公布了修正版的程序。

起初根岸并未打算公开 Luppet 程序，他表示这一软件纯粹是自娱自乐的产物。现在他依然感到开发 Luppet 是自己的兴趣爱好。

从学生时代起，根岸就有一个目标，希望能够让虚拟主播等数字人可以理所当然地存在于现实社会中。可以想见，如果数字人能够自然地再现人类的各种动作，虚拟主播将有望融入日常生活中。

（久保田龙之介　日经 ×TECH·日经电子）

第九章

IT 技术

量子计算机
——同时处理大量运算，应用研究不断发展

技术成熟度　低　2030 年期待值　50.9

　　量子计算机基于量子叠加和量子纠缠等量子力学原理，能够高速处理现有的计算机难以解决的问题。目前，量子计算机的应用研究在金融及化学领域取得了一定的进展。

　　在金融领域，量子蒙特卡罗模拟有望精确预测金融产品的价格并对其进行风险评估。今后使用量子计算的企业和不使用量子计算的企业产品竞争力可能会有很大差别。

　　在化学领域，能通过量子化学模拟加快材料开发的速度（表 9-1）。

表 9-1　日本企业主要的量子计算机应用研究

企业名	概要
旭硝子（AGC）	利用量子化学计算提高材料设计研究开发效率。通过减少"取板"过程中的玻璃废料来验证量子退火的使用
迪爱生（DIC）	在开发聚合物等结构复杂的物质中使用量子计算机。通过 NISQ 计算二氧化碳分子的振动状态，推进用控制量子错误来消除干扰的研究
捷时雅（JSR）	着眼于将来量子化学计算的商业应用，致力于抗错误量子计算机的研究。通过量子门的设计，拓宽每一个量子比特表现范围
伊藤忠技术解决方案	在量子计算机的帮助下推进灾害预测和材料开发模拟的大规模化、高速化、高精度化。用量子计算机模拟装置进行实验，进行强度分析和流体分析
田边三菱制药	通过量子化学计算方法缩短药物研发周期，加快以医疗数据为代表的大数据分析
第一生命保险	基于庞大的客户交易数据，借助量子计算机从中选出适合的产品展开销售的恰当时机、推广渠道等

企业名	概要
大金工业	利用量子计算机提高制冷剂的流体计算、机械设计、量子化学计算等方面的效率
长大公司	开发出利用量子退火优化配电网结构的方法并获得专利
东京海上控股	预测保险承保的风险管理，关注量子密码的动向
凸版印刷	认识到未来 RSA 算法密码有可能被量子计算机破解，推进抗量子密码的研究
丰田中央研究所	应用量子计算机进行光触媒的研发。计算光触媒处于内核激发和内核离子化状态时的能量，开发对量子软件有用的算法
富士胶片	利用量子计算机大幅提高材料开发过程的效率。期待量子计算机能带来启动研发、与顾客进行假设验证、决策等商业模式的变化
瑞穗金融集团	将量子计算机用于金融产品的价格预测和风险评估等领域。用现行计算机对 NISQ 的计算结果进行统计处理，开发出接近理论极限计算精度的算法
三井住友海上火灾保险	认为量子计算机在风险管理领域有可能实现更高精度的分析和管理，提升信息收集水平
三井住友金融集团	对量子退火计算机与量子门并行进行实证试验。根据员工的技能和工作意愿，制定最合适的呼叫中心轮班表
三菱日联金融集团	将量子计算机用于金融产品的价格预测和风险评估等领域。开发出利用蒙特卡罗模拟算法大幅削减计算所需量子比特数的方法
三菱化工	用量子计算机进行有机 EL 发光材料的研发。用 NISQ 计算发光材料的能量，利用现行方式的计算机进行量子错误抑制

来源：日经计算机。

注：日本企业在量子计算机领域进行了实用研究。其中，化学、金融领域的实证研究进展较快。

瑞穗金融集团于 2022 年 1 月获得了量子蒙特卡罗模拟方面的专利。瑞穗用传统的计算机统计处理了由 NISQ（Noisy Intermediate Scale Quantum）得出的包含噪声的计算结果，开发出了一种计算精度接近理论极限的算法。NISQ 意为"含噪声的中型量子"，现有的量子计算机目前还处于这一阶段。瑞穗研发出的新算法有多个潜在用途，其中最有望应用于金融衍生产品定价方面。三菱日联金融集团在应用于量子蒙特卡罗模拟的量子振幅估计法（Quantum Amplitude Estimation，QAE）领域，研发了大幅削减计算所需量子比特数的方法。具体做法是将量子傅立叶变换（QFT）替换为由传统的计算机执行统计处理的"最优估计法"，由此减少了量子门操作错误率，得到了偏差更小的计算结果。

在化学领域，迪爱生公司用量子计算机计算二氧化碳分子内原子间距离伸缩的振动状态。此项研究着眼于振动状态掌握分子的能量状态，进而掌握有关分子化学反应性的信息，最终助力开发聚合物等结构复杂的物质。

三菱化工使用量子计算机探索用于显示屏的新一代有机 EL 发光材料"热激活延迟荧光（TADF）"。显示屏需要发光效率高、寿命长的蓝色发光材料，用量子计算机计算单项激发态和三重激发态的能量差，辅助单项激发态发光材料的分子设计。若用传统的计算机进行此类材料探索工作则要执行庞大的计算。

丰田中央研究所正在进行的研究是使用量子计算机解释化学现象。光触媒在光的照射下发挥催化作用，分解接触到的有机化合物和细菌。光触媒在光照下会呈现出高能量的激发态，而这种现象在实验中很难捕捉到。量子计算机有望在光触媒的研发领域发挥作用。

用于解决"组合最优化问题"的量子退火方式应用研究也在推进。

三井住友金融集团（SMFG）基于量子退火算法，根据员工的技能和工作意愿为电话呼叫中心制定最佳的排班表。以往每月要花 14.5 小时进行手工排班，此举将排班时间缩短为 3 小时。而且机器排班既能满足员工的个性化排班需求，又能缓解约 20% 的人员不足。

三井住友还开发出利用量子计算机来提高信用卡诈骗检测精度的技术。要检测信用卡诈骗交易，通常需要 AI 利用诈骗数据和正常的用户数据进行学习，但是事实上很难准备足量的诈骗数据。该技术可以虚拟生成供 AI 学习的诈骗数据，即利用量子验证，将机器作为具有统计特征的随机数发生器来增加训练数据。

基建咨询领域的日本长大公司开发了利用量子退火优化配电网结构的方法，并获得了相关专利。具体做法是用成本函数表达配电网的耗电量和不停电等限制条件，再通过量子退火进行计算。2022年6月以后，将对配电网模型电路进行大型验证，从而加快实用化研究。由于再生能源的使用非常依赖天气等的变化，导致电力供给量的增减幅度很大，因此需要实时控制配电网，以减少电力损耗，但由此会产生巨大的计算量，目前的传统计算机很难胜任此计算任务。

（马本宽子　日经×TECH·日经计算机，

伊神贤人　日经×TECH·日经计算机，

中田墩　日经×TECH·日经计算机）

量子纠错
——抑制或纠正量子比特的错误

技术成熟度　低　2030年期待值　9.0

外部磁场和电场波动等各种噪声的影响，很容易造成量子比特这一量子计算机的构成元件的数值发生反转错误。除了这些硬件错误，还存在函数表达能力不足等算法导致的软件错误。为了让量子计算机进行正确的计算，人们正在研究能够检测、预测量子错误，并进行抑制和纠正的纠错机制。

由东京大学、NTT公司、产业技术综合研究所、大阪大学组成的研究小组开发出了抑制量子计算机错误的新方法"一般化量子部分空间展开法"。该研究结果发表于2022年7月6日美国科学杂志《物理评论快报》（*Physical Review Letters*）网络版。新方法可以同时抑制硬件和算法两个方面的错误，而现有的方法只能抑制其中一方面的错误（图9-1）。

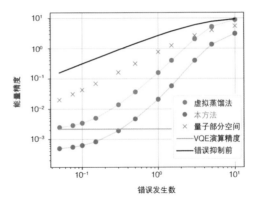

图 9-1 "一般化量子部分空间展开法"与现有方法精度比较

（来源：NTT 公司）

研究小组参考了美国谷歌现有的量子错误抑制方法"虚拟蒸馏法"和"量子部分空间展开法"，开发出了更好的一般化量子部分空间展开法。具体内容是准备多个不同的量子电路，使其产生量子纠缠，然后用多种方法对量子纠缠进行测量，并用传统计算机对测量结果进行校正处理。

在使用 NISQ 的量子化学计算算法"变分量子本征量（Variational Quantum Eigensolver，VQE）"的验证中，使用一般化量子部分空间展开法时的精度比使用虚拟蒸馏法时的精度高 7.58 倍，比使用量子部分空间展开法时的精度高 36.51 倍。如果能抑制 VQE 可能发生的错误，量子比特数少的量子计算机与 VQE 的组合将得到有意义的计算结果。

在"一般化量子部分空间展开法"问世之前，NTT 公司和名古屋大学、东京大学于 2021 年 11 月宣布，通过将名古屋大学开发的"单磁通量子电路"用于量子纠错计算，可以解决关于维持极低温环境和处理时间的问题（图 9–2）。

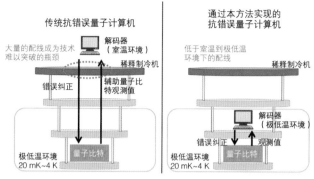

传统抗错误量子计算机

大量的配线成为技术 难以突破的瓶颈

解码器 （室温环境）

稀释制冷机

错误纠正 辅助量子比 特观测值

极低温环境 20 mK~4 K 量子比特

通过本方法实现的 抗错误量子计算机

低于室温至极低温 环境下的配线

稀释制冷机

解码器 （极低温环境）

错误纠正 观测值

极低温环境 20 mK~4 K 量子比特

大幅减少配线，实现大规模化。

图9-2　极低温环境下的解码

（来源：NTT 公司）

　　传统的方法是将稀释制冷机内的量子比特与外面的传统计算机通过配线连接，但这需要在稀释制冷机上打孔，难以维持制冷机的极低温环境。

　　新方法使用能在稀释制冷机中工作的单磁通量子电路来计算表面编码。表面编码是一种量子纠错码，这里使用传统计算机进行计算。

　　新方法还采用了在线处理方式，可以在检测错误的辅助量子比特观测值的同时，从观测地确定错误地点，并纠正错误。以往的通行做法是先通过反复观测辅助量子比特，然后再计算表面编码，但是产生了纠错速度跟不上量子计算机运行速度的问题。

　　在此项联合研究中，东京大学负责算法和芯片封装的设计，以及与量子比特配线的可行性研究，NTT 负责量子纠错理论方面的整理和控制装置性能的评估，名古屋大学负责芯片封装和封装时的性能评估，日本理化学研究所也参与了此项研究。

　　本方法虽然还处于提案阶段，但通过对模拟装置的测评，发现其已经满足了实用要求。今后将通过制造超导回路并在稀释制冷机中运行来验证其性能。

（中田墩　日经 ×TECH・日经计算机，

马本宽子　日经 ×TECH・日经计算机）

抗量子密码
——量子计算机也无法破解的密码

技术成熟度　低　2030 年期待值　23.4

量子计算机技术虽然还在发展中，但当其具备实用性，就会有破坏现行密码安全性的风险，对商务的安全通信和信息安全的影响巨大（图 9–3）。

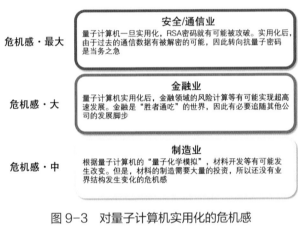

危机感·最大
安全/通信业
量子计算机一旦实用化，RSA 密码就有可能被攻破。实用化后，由于过去的通信数据有被解密的可能，因此转向抗量子密码是当务之急

危机感·大
金融业
量子计算机实用化后，金融领域的风险计算等有可能实现超高速发展。金融是"胜者通吃"的世界，因此有必要追随其他公司的发展脚步

危机感·中
制造业
根据量子计算机的"量子化学模拟"，材料开发等有可能发生改变。但是，材料的制造需要大量的投资，所以还没有业界结构发生变化的危机感

图 9-3　对量子计算机实用化的危机感

（来源：日经计算机）

为了加强安全措施，目前正在加强研发"抗量子密码"，主要是基于量子计算机也难以计算的问题来设计密码算法。

RSA 密钥为目前常用的密钥，其算法依赖于大整数分解难题来保证安全性，但是随着量子计算机性能的提高，有可能会被破解。

加拿大滑铁卢大学量子计算研究所的研究人员表示："2048 比特的 RSA 密码被破解的概率在 2026 年为 1/7，2031 年的概率为 1/2。"

制定 AES 等密码标准的美国国家标准与技术研究院（NIST）正在推动抗量子计算机密码等新型密码方式的标准化，预计在 2023—2024 年确定标准。

日本凸版印刷与信息通信研究机构（NICT）正在开发使用抗量子加密技术的 IC 卡。IC 卡内保存了使用抗量子加密技术的电子证书。通过网关进行认证，保证了安全性。该机构的目标是 2025 年将此技术应用于医疗数据访问的安全控制领域，相关人员表示将来还能将该技术用在交通 IC 卡上。

另外，软银与从美国 Alphabet 公司独立出来的量子技术公司 Sandbox AQ 正在共同开发使用耐量子密码的 VPN（虚拟专用网络）。

（马本宽子　日经 ×TECH·日经计算机，

伊神贤人　日经 ×TECH·日经计算机，

中田　日经 ×TECH·日经计算机，

玄忠雄　日经 ×TECH·日经计算机）

自适应批量搜索
——快速解决各种组合优化问题

技术成熟度　中　2030 年期待值　13.8

NTT DATA 公司于 2021 年 10 月免费公开了快速解决各种组合优化问题的"自适应批量搜索（Adaptive Bulk Search）"运行环境。使用 NTT DATA 公司与广岛大学共同开发的计算方法，可以用多台机器并行处理，检索组合最优化问题的解。

NTT DATA 公开自适应批量搜索的方法，是为了寻找技术适用的领域，也是为了让众多用户解决现实中存在的各种各样的问题。

自适应批量搜索使用多个图形处理单元（Graphics Processing Unit，GPU）来并行搜索"二次无约束二值优化（QUBO）问题"的答案。该技术是由 NTT DATA 与广岛大学研究生院先进理工系科学研究科中野浩嗣教授的研究团队共同开发的。

QUBO 模型是求 n 个变量取值为 0 或 1 的最小乘积和的组合。在研究复杂的物流配送路线或金融产品组合优化时，可以利用 QUBO 建模来轻松解决问题。

自适应批量搜索（图 9-4）根据问题的种类（自适应）切换搜索范围和方法，同时进行大批量搜索。对于大量存在的候选解，可在多个 GPU 内同时搜索不同的范围，还可以根据 QUBO 问题的种类和特征进行切换，针对个体 GPU 的搜索范围使用退火法和禁忌搜索、突破搜索、局部搜索的方法。

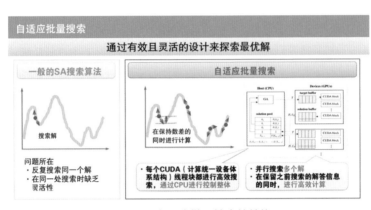

图 9-4　自适应批量搜索的结构

（来源：NTT 数据）

此次公布的运行环境是配备 5 个美国英伟达（NVIDIA）高端 GPU "RTX A6000" 的服务器，可在 100 秒内针对具有 32 768 个变量的 QUBO 问题进行求解。以 "旅行售货员问题"[①] 为例，可以得出 175 个城市的路径最优解。

此技术在搜索范围和搜索方法的选择方面使用的是遗传算法。最初随机选择范围和方法，随后用算法计算求得解的倾向，最终加速向最优解收敛。

（中田墩　日经 ×TECH・日经计算机）

---

① 旅行售货员问题（Travelling Salesman Problem）是一类组合最优化问题，也是图论算法里的经典问题。——译者

可观测性
——让复杂的系统变得容易观测

技术成熟度　中　2030 年期待值　11.2

可观测性为系统监控方面的术语，意指使用各种方法使系统变得容易观测。与以往的系统相比，现在的系统产生了巨大的结构性变化，监控难度陡然提升（表 9-2）。

表 9-2　关于系统监控状况的变化

项目	以往	现在
监控对象	预置物理机	公共云虚拟机与容器
监控对象的数量	固定	自动增减
应用程序的构成	Web/ 应用程序 / 数据库 3 个层级	微服务架构
系统故障影响范围	公司内部	公司内部与外部
系统监控工具的形式	套装工具	SaaS

来源：日经计算机。

系统的运行和维护需要进行相应的监控，目前系统监控领域发生了很大的变化。监控对象从传统的物理机转变为虚拟机、公共云服务和容器（Container），而各种应用程序也部署在微服务架构上。如果沿用原有的系统监控方法，就无法应对这些全新的系统。而且，随着系统用户的增加，对系统监控的要求也越来越高。例如，现在还需要监控服务状况和用户使用情况。在此背景下，如果只能提供程序运行环境的监控服务则无法满足需求。

基于此，出现了能提高可观测性的系统监控技术。目前，系统监控工具本身正在向 SaaS（软件即服务）方向转变。公有云服务厂商也提供适配本公司云服务的系统监控工具。通过将监控工具、被监控的应用程序及系统基础设施都上传公有云，实现便捷处理庞大的日志数据。

随着机器学习的进步，以前需要由人来操作的阈值设定等工作亦实现了自动化。

（翁羽翔　日经×TECH·日经计算机）

IaC（基础架构即代码）
——通过编程管理系统基础设施

技术成熟度　中　2030 年期待值　4.3

IaC（Infrastructure as Code）是一种通过编程对 IT 基础设施进行高效管理的方法。其目的是简化烦琐的基础设施管理工作，减轻管理员的负担。

如果将构筑 IT 基础设施的步骤以程序（代码）的形式记录下来，就可以自动进行各种设定工作。

在构建 IT 基础设施时，需要配置并连接网络、负载均衡器、数据库服务器、虚拟服务器，确保其正常运行。目前在公有云里已经配备了这些资源，使用者可以根据需要进行设定，投入使用。

如果使用 IaC 技术，可以自动完成组建基础设施、管理版本、设定各种定义文件等工作。此外，还能实现在基础设施上自动运行应用程序，这一软件工程流程也被称为持续集成（Continuous Integration，CI）。

通过 IaC 和 CI 的组合，可以自动配置基础设施，在此基础上运行和测试应用程序。进入正式运行时，可以将定义正式的基础设施及应用程序的编程与定义已测试的新基础设施及应用程序的编程进行比较，在进行差异执行后，就可以变更结构和应用程序。

在维护管理或重新构建结构复杂的大型基础设施时，工程师的工作强度很大，这会增加人为错误的概率。引入 IaC 可以解决这些实际问题。

2022 年 5 月，日本数字厅公布了名为《在政府信息系统中适当利用云服务的基本方针》的文件，文中指出："以有效、适当地利用云为目的，以托管服务和 IaC 为核心，开展智能现代技术的应用。通过代码自动生成基础设施环境，用好托管服务，无须构建服务器环境。"

（谷岛宣之　日经 BP 综合研究所）

CSPM（云安全态势管理）
——自动确认云端设置规则　防止因人为失误而泄露信息

技术成熟度　中　2030 年期待值　2.6

云安全态势管理（Cloud Security Posture Management，CSPM）是一种从安全角度检查云服务设置的机制，用来防止人为设置错误而导致机密信息泄露等事故。CSPM 可以自动发现、评估云资源的策略配置偏差，并通知管理员。

提供 CSPM 的企业有两大类，除了美国亚马逊、微软、谷歌等公司向自家的云服务用户提供 CSPM，主营安全产品的全球企业亦能提供 CSPM 服务。

利用 CSPM 配备的数据库可以对云服务配置进行检查。数据库中包含了很多关于云服务的适当配置和不当配置的例子，CSPM 将数据库和实际配置状况进行比照，从而找出不当配置。

例如，在线存储设备默认对有权限访问数据的用户和终端设定了最低限度的安全标准。所以，大多数 CSPM 数据库都认定"在线存储设备设置为非公开"，因此一旦 CSPM 发现在线存储设备被设置为公开，就会通知管理员，促使其变更设置（图 9-5）。

这些数据库以美国国家标准与技术研究院（NIST）的网络安全对策框架（NISTCSF）、欧盟《通用数据保护条例》（GDPR）、第三方支付行业数据安全标准（PCI DSS）等官方标准为基础，由提供 CSPM 的 IT 企业制作。

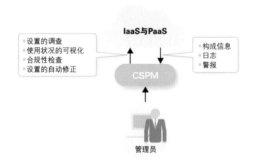

检查云设置是否合规，以及是否有安全漏洞。

图9-5　结合 IaaS 与 PaaS 来检查设置

（来源：日经 NETWORK）

另外，还会根据由大型云服务公司提供的基础设施 IaaS（基础设施即服务）和 PaaS（平台即服务），以及安全环境的变化来更新数据库（表9–3）。

表9-3　云厂商和网络安全服务商均参与 CSPM 业务

企业名称	服务名称
美国亚马逊	AWS Security Hub
美国谷歌	Security Command Center
以色列 Check Point 软件技术公司	Cloud Guard
美国 Datadog	Datadog Cloud Security Platform
美国帕洛阿尔托网络公司	Prisma Cloud
美国微软	Microsoft Defender for Cloud

来源：日经 NETWORK。

注：提供 CSPM 服务的企业既有安全供应商，也有运营 IaaS 及 PaaS 的企业。美国亚马逊、谷歌、微软将向其公司的云服务用户提供 CSPM。

CSPM 还可以为用户企业定制自身专属的数据库，在数据库中增加该企业专属的策略安全配置，就可以筛查出违规配置。

目前，在企业多采用混合云架构的背景下，如果使用 CSPM，就可以从一个控制台统一管理 IaaS 和 PaaS，减轻管理员的负担。以前管理员需要登录多个管理控制台，还要记住所有操作方式。

运用 CSPM 可以将公司的整体规定适用于所有部门，防止出现各个部门标准不统一的情况。在大型企业中，有时候每个部门都有专人负责使用和管理云。因此，即使制定了统一的公司规则，不同部门的配置规则也难以达成一致。

云设置不完善而导致的信息泄露事件不断增加，所以 CSPM 备受重视。例如，使用云服务的企业对在线存储设备的访问权限和对数据加密的设置有误，导致了在线存储设备对外暴露，引发个人信息等机密内容泄露。在此类事故中，云服务厂商大多认为"这并非系统脆弱引起的事故，而是由于用户没有进行正确的设置"。

因此，云服务的用户企业必须深入了解云服务的功能和相关配置，防范风险，而 CSPM 将对此提供支持。

在 CSPM 运行过程中，如果发现合规风险，一般会通知管理员，并要求做出判断。虽然 CSPM 也有自动纠错的功能，但很少有企业使用这一功能。因为有时会与重要客户进行数据的临时共享，此类的"违规"无须纠正。

（大川原拓磨　日经×TECH·日经 NETWORK）

SOAR（安全编排自动化与响应）
——自动检测并应对网络安全事件

技术成熟度　高　2030 年期待值　15.6

安全编排自动化与响应（Security Orchestration Automation and Response，SOAR）指通过与其他系统或安全设备合作，检测事故并自动应对。

SOAR 接收到检测出病毒的警报后，运行杀毒软件，对公司内部网络的所有终端进行全面扫描。SOAR 由系统开发服务商和安全服务供应商以云端服务的形式提供，很多企业考虑引进该技术来应对网络安全人才不足的问题。

目前，安全信息与事件管理（Security Information and Event Management，SIEM）的应用不断扩大。该应用程序可以收集和分析企业系统中发生的所有日志和警报（图 9-6），但需要管理员处理 SIEM 推送的安全信息，有时会出现问题过多，管理员无法及时解决的情况，而 SOAR 则可以解决这样的问题。

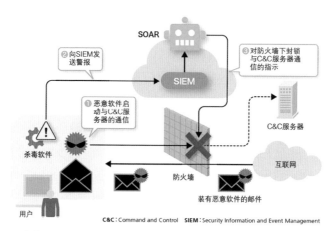

SOAR 基于 SIEM 收集的系统日志和警报等发现事故，还可以与其他供应商的设备和服务合作，自动应对突发事件。

图 9-6　SOAR 与其他系统协同自动应对突发事件

（来源：日经 NETWORK）

例如，某企业员工的个人计算机（PC）因邮件感染病毒时，杀毒软件会向 SIEM 发送警报，SIEM 会将信息传递给 SOAR。SOAR 则判定该企业的其他 PC 也感染了同样的病毒，下令让防火墙阻止 PC 与 C&C 服务器通信。C&C 服务器是攻击者为了远程控制 PC 而准备的工具。如果防火墙阻止了 PC 与 C&C 服务器的通信，就可以防止感染病毒的 PC 被操纵后信息被窃取。

只要配备了 API（应用程序编程接口），任何软、硬件都可以与 SOAR 配套使用，实现自动应对和辅助管理员工作。

SOAR 在自动应对时，会参考 Playbook 数据。Playbook 是以工作流的形式记述的如何应对突发事件的操作指南，一般设定为安全系统警报触发 Playbook，启动工作流。

（大川原拓磨　日经 ×TECH·日经 NETWORK）

GP-SE（全球平台安全元件）
——智能手机可作为身份证明

技术成熟度　高　2030 年期待值　10.0

全球平台安全元件（Global Platform-Secure Element，GP-SE）是嵌入智能手机机身的 IC 芯片，保障各种服务程序安全运行。2022 年，使用了 GP-SE 技术的智能手机可以用来签名及作为身份证明使用，即实现个人编号卡（My Number Card）的部分功能。

日本政府正在推行个人编号卡，卡片上搭载的 IC 芯片可以在税务申报（e-Tax）、申请专利、登录个人编号卡网站时验证电子签名或证明用户身份。

为了在智能手机上也实现这种个人身份认证服务，日本总务省将目光投向了 GP-SE。

Global Platform（GP）是国际标准组织，致力于开发、制定并发布安全芯片的技术标准，制定了安全元件（Secure Element，SE）的标准。

GP-SE 的设计中充分考虑了安全性，只有拥有权限的程序和服务器才能进行访问，GP-SE、程序及服务器之间实现了安全通信。

例如，智能手机的 GP-SE 中预装了提供 FeliCa[①] 功能的程序，可以用

---

① FeliCa 是索尼公司推出的非接触式智能卡。——译者

于各种支付场景。

如果在智能手机的 GP-SE 中安装"JPKI（公共个人认证）"小程序，手机就能变身为身份证明。虽然现在也可以通过智能手机验证用户身份，但每次都需要手机读取个人编号卡信息这一环节。

不过，搭载 GP-SE 的智能手机仅限于 2019 年以后发售的安卓手机。虽然现在 iPhone（iOS 系统终端）也搭载了 SE，但此 SE 是基于苹果的自有标准，并非基于 GP 标准的 GP-SE。未来苹果公司可能应日本政府要求，开发适用于自有标准 SE 的 JPKI 小程序。

（谷岛宣之　日经 BP 综合研究所）

物联网时代的认证密码
——在小型终端上运行，以低运算量保证密码强度

技术成熟度　中　2030 年期待值　13.7

物联网时代，众多设备都接入互联网，为了保障使用安全，密码技术不可或缺。电脑、智能手机、信用卡结算终端，以及安装在生产设备上的传感器等各种终端通信都已经使用了密码技术。为了数据传输安全，对现有密码进行分析研究非常必要。

密码研究的关键在于如何创造出安装简单、能够抵御各种攻击而不被破解的全新密码方式。近 10 年来，小型物联网终端设备也需要加密通信，因此需要研制出低运算量、强安全性的加密方法。

此外，还需对现有密码的安全性进行分析研究。日本电气股份有限公司（NEC）安全系统研究所的井上明子在入职的第二年（2018 年）就发现"OCB2"这一被纳入国际标准的密码技术存在安全缺陷。攻击者可以用很小的计算量解读并改变基于 OCB2 的密码文件。井上还展示了攻击方法和修复缺陷的方法。由于这一发现，OCB2 已被 ISO/IEC 从标准中移除。虽然 OCB2 在社会上几乎未被安装使用，但井上的这一发现预防了未来的

潜在危害，此研究成果也在密码研究者之间引起关注。

OCB2 是由美国密码研究人员在 2004 年提出的认证密码技术，2009 年被纳入 ISO/IEC 国际标准。由于 OCB2 结构简单，计算效率高，在安全性上基于准确的数学证明，受到密码研究者的高度评价。

井上起初准备开发一种基于 OCB2 的密码应用模块[①]，以提高研发效率。当时井上设计的密码应用模块需要进行偏离 OCB2 安全性证明规则的处理（图 9-7）。当她研究该如何偏离安全性证明规则时，发现 OCB2 本身并不完全符合该规则。换言之，OCB2 安全性证明规则无法证明其自身的安全性。

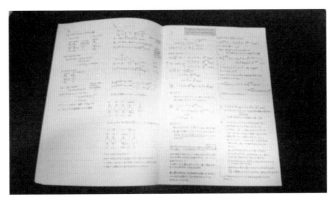

笔记中还有荧光笔勾画的部分。

图 9-7　井上明子在研究 OCB2 时的研究笔记

［来源：日本电气股份有限公司（NEC）］

井上向她的上司——安全系统研究所首席研究员峰松一彦求教，峰松听到井上提出"OCB2 安全性证明可能有误"时十分惊讶，两人开始调查 OCB2 的安全性证明是否准确，最终发现 OCB2 的安全性证明存在逻辑错误。由于这个错误，如果攻击者具有"可以访问加密和解密函数"的能力，可以用很小的计算量伪造认证标签。而当攻击者使用假标签篡改加密

———————————

① 开发密码应用模块是指使用区块密码等密码组件，组合成安全的密码方式。——译者

信息时，接收方在解密时也不会收到"信息已被篡改"这一提示信息。

井上和峰松与名古屋大学的研究人员合作研究，并发表了 "Cryptanalysis of OCB2：Attacks on Authenticity and Confidentiality" 文章，文中揭示了 OCB2 的缺陷，介绍了如何破解 OCB2 及如何修复该缺陷。

2019 年 2 月，在发现 OCB2 的安全缺陷 5 个月后，井上向国际密码学会主办的 CRYPTO 2019 国际会议提交了论文。论文被接受，并在该会议上获得了最优秀论文奖。

今后，井上的目标是站在顾客的立场开发安全的密码，研发出与制造业和通信企业的业务系统相吻合、实用性高的密码。

峰松说："目前，AES（Advanced Encryption Standard，美国联邦政府标准的通用密钥加密方式）已经足够了。但是 5 ~ 10 年后，也许会有更多微型物联网终端需要进行加密通信，届时可能会出现 AES 无法应对的情况。加密研究领域做出成果需要时间，希望年轻的研究者能沉下心来，兢兢业业地做研究。"

（浅川直辉　日经 ×TECH·日经计算机，

大谷晃司　日经 ×TECH·日经计算机）

AI 生成推文
——用 GPT-3 生成行文自然的假推文

技术成熟度　高　2030 年期待值　4.9

GPT-3 是具有文本生成能力的语言模型，由美国的人工智能研究实验室 OpenAI 开发。美国的某研究小组用 GPT-3 自动生成了推特（Twitter）文章。由于该技术很容易被用来制作假新闻，该实验对恶意使用 GPT-3 的现象敲响了警钟。

美国智库安全与新兴技术中心（Center for Security and Emerging Technology，CSET）的资深研究员安德鲁·洛恩和他的同事使用 GPT-3 开发了一种自动生成假推文的工具，可以很容易地生成无异于真人发布的推特文章。

实验中生成的推文大多行文自然，质量较高，虽然也会生成不知所云的推文，但是如果用高质量的推文训练模型，改善输出，会生成更多更自然的推文。

研究人员还测试了能否用 GPT-3 生成具有极右阴谋论集团"匿名者Q（QAnon）"风格的推文，结果 GPT-3 写出了极其相似的文章。对此，人们必须警醒，如果有人选取易引发关注的话题，用 GPT-3 撰写大量阴谋论的文章并广泛发布，该阴谋论就会逐渐深入人心（图 9-8）。

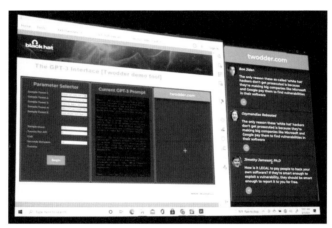

图为 2021 年 8 月召开的安全技术会议（Black Hat USA 2021，2021 年美国黑帽技术大会）上的演讲场景。右侧是用 GPT-3 生成的虚假推文。其中的用户头像为 AI 生成的虚拟人脸照片。

图 9-8　虚假推文的演示

（来源：日经 ×TECH）

并且，通过 GPT-3 自动生成的文章还能影响他人的意见。研究小组使用 GPT-3 随机生成了赞成与反对美军从阿富汗全面撤军的文章，让1700 人阅读后进行了问卷调查。结果显示，给人们看了赞成美军撤退的文章后，在所有回答中赞成撤军的比率随之增加，可见 GPT-3 生成的文章具有一定说服力。

GPT-3 是具有巨大潜力的技术。但是通过 GPT-3 能够大量生成包含诱导性内容的文本，这是一种不可忽视的威胁。

（根津祯　日经硅谷分社）

DNN 切分
——用机器学习高精度识别分布外数据

技术成熟度　低　2030 年期待值　6.4

富士通集团和美国麻省理工学院（MIT）开发的一种技术，能够使 AI 高精度识别其训练数据中不存在的信息（也称为分布外数据）。其灵感来自人脑处理视觉信息的方式，即以颜色、形状等各种各样的属性为线索来识别对象。富士通正在进行基于实际数据的试验，如果顺利得出成果，这一技术将在 2023 年 3 月底前实用化。

富士通和 MIT 于 2021 年 12 月共同发表了一项技术，通过将深度学习中使用的深度神经网络（DNN）按照对象的属性切分成多个模块，提高了图像识别的精度。研究者按照形状、颜色、视角等被识别对象的属性准备了多种 DNN 模块，供机器学习。富士通的研究人员介绍说，传统的观点认为，让 DNN 在一个模块中学习是实现高精度识别 AI 的最佳方法（表 9-4）。

表 9-4　关于回答图像内容问题的验证结果（识别精度的平均值）

数据的种类	未经分割的传统形态 DNN	富士通·MIT 发布的按属性分割的 DNN
分布外数据	73.20%	77.30%
与训练模型类似的数据	98.00%	94.40%

来源：日经 ×TECH 制作。

将 DNN 分割成多个模块是一种全新的方法，与传统方法相比，对属于分布外数据的图像识别精度明显提高。但对于与训练模型类似的图像，传统方法训练出的 AI 表现更佳。

在工厂质检和医疗图像诊断等领域，DNN 的应用在不断发展。但是当视角或光照水平与模型训练的图像不同，或是在识别与原始训练数据差异很大的未知数据时，会产生识别精度降低的问题。

为了解决这一问题，富士通和 MIT 决定模仿人脑处理视觉信息的方式。人脑具有识别形状、颜色、视角等各种属性的功能，所以即便事先只看了黑色的识别对象，把黑色换成白色后人脑也能正确地识别出来。同理，可以把 DNN 分成多个模块，每个模块负责识别不同的属性。

这项技术能够高精度地识别分布外数据，从而扩大 AI 的应用范围。未来有望开发出能够灵活判断的 AI 系统。例如，在工厂质检中，无须通过各种各样的次品训练 AI 模型，也能实现准确识别。

（島津忠承　日经 ×TECH）

显著图
——确认图像重点区域，提高处理效率

技术成熟度　中　2030 年期待值　3.8

Avatarin 公司开发出了能代替人类去各种场所，并与人类共享现场体验的分身机器人。Avatarin 公司还与日本理化学研究所合作，进行"机器人眼睛的研究"。研究人员从图像传感器获得的图像中，根据显示人类感兴趣区域的"显著图"提取图像，可以减少数据的发送量。

Avatarin 公司希望开发一款能代替人类在国内外各个地域往来的"远程呈现"机器人。该公司的 CEO 深堀昂说："目前国外有些地区受通信条件所限，还在使用 3G 通信基础设施，如果能将影像数据缩小后传输，即使是在这些地区，远程呈现机器人也能传送出人们可以辨识理解的影像。"

为此他使用了显著图的方法，对原始图像进行分析，判断人们感兴趣的区域，以此为基础减少数据量。日本理化学研究所光量子工学研究中心的横田秀夫也积极参与了该项目。

　　具体做法是基于显著图从原始图像中提取图像，即便将原始数据压缩到3%，也能再现可视性高的图像（图9-9）。横田先生认为，即使面对信息量被减少的影像，人类的大脑也能自动补足其中缺失的部分，从而实现准确识别。如果能够再现这一机制，就可以压缩信息，传输必要的部分，在人类远程观看之前将视觉信息补充完整。

显著图能显示人们对图片感兴趣的位置。

图9-9　显著图应用案例

（来源：日本理化学研究所）

　　今后要想提高显著图的精度，就需要大量收集影像中人们关注的焦点数据。Avatarin公司还将研究利用该公司的分身机器人，收集以人类视角观察事物的数据。

（木村知史　日经BP综合研究所，

元田光一　技术撰稿人）

文件阅读 AI 解决方案
——通过与 AI 对话获取正确答案

技术成熟度　中　2030 年期待值　12.2

机器学习中的"监督学习（Supervised Learning）"需要人工事先对庞大冗杂的文本数据进行标注，向 AI 提示正确答案。研究人员在分析商业文件、学术文件等文本中，需要花费相当多的时间和精力来处理文本中频繁出现的专业术语和特定用语，并从中找到有效信息。

NTT DATA 公司咨询部的斋藤洋主任正致力于研发"筛选学习要点技术"，他介绍说该技术能提高"监督学习"中标注数据的效率。

NTT DATA 公司的文件阅读 AI 解决方案"LITRON"计算引擎中已经使用了该技术。斋藤主任表示，引入筛选学习要点技术后，LITRON 可以将包括标记文本数据在内的机器学习时间缩短为通常的 1/10，由于学习案例不同，有些甚至可以缩短到原来的几百分之一左右的时间。LITRON 目前正处于与客户进行多项验证的阶段，有望投入实际使用。

例如，在从医院病历中以表格形式提取患者姓名、来院日期、意见、医药品名称时，LITRON 使用了"交互式学习"的手法。首先让 LITRON 阅读大量文本数据，LITRON 的计算引擎会自动选择准备标记的单词，并提出问题。

"达菲是医药品的名称吗，请回答'是'或'否'。"对于这样的问题，人们只要回答是或否就可以了。

在传统的"监督学习"模式中，需要人工找出"达菲"这个单词，并标注"这是医药品名称"，以此训练 AI 模型。而 LITRON 不仅缩短了标注时间，还减轻了人员负担。

LITRON 的计算引擎只询问重点单词，所以问题的总量很小（图 9–10）。LITRON 的内在机制能够把控学习的重点和特征，有些单词可以实现自动习得，无须人工确认。

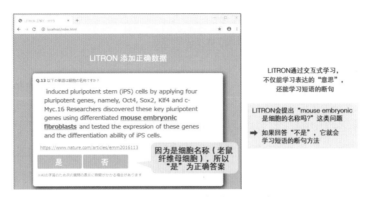

图 9-10 LITRON 筛选学习要点

（来源：NTT DATA）

斋藤主任说："假设花 100 个小时给 1 万个单词做人工标注，供 AI 学习，最终 AI 能实现的准确率是 80%。使用 LITRON 进行标注的时间为 10 个小时，而其准确度与学习了 100 个小时人工标注数据的 AI 不相上下。"

（大谷晃司　日经 ×TECH・日经计算机）

第十章

能源与电子工程学

新一代核反应堆
——减少二氧化碳重新评估高速反应堆和微型反应堆

技术成熟度　中　2030 年期待值　29.5

由于碳中和政策的推行和资源价格高涨，世界各国都在研究和开发新一代原子能发电。原子能发电不像火力发电那样排放大量二氧化碳，而且不受气候影响，可以稳定供应。确保安全性是理所当然的，探讨经济性也不可或缺。

日本经济产业省审议会于 2022 年 8 月 9 日制定了 "为实现碳中和能源安全保障的革新反应堆开发技术路线图" 的主要方案。方案明确指出，提高安全性的 "革新轻水反应堆" 将于 2030 年开始商业运行，小型轻水反应堆（小型模块化反应堆）将于 2040 年开始实证运行。

三菱重工的社长兼 CEO 泉泽清次在 2022 年 5 月 12 日召开的结算说明会上指出 "原子能正在被重新评估"。该公司的目标是到 2030 年中期，将电力输出功率 120 万千瓦的新一代轻水反应堆实用化。

预计在 2040—2050 年，三菱重工还将推进与以往轻水反应堆不同的技术开发。日本原子能研究开发机构（JAEA）在茨城县拥有高温工学研究反应堆，通过高温瓦斯炉，可以利用高温热源制造氧气。该机构于 2022 年 4 月宣布，已开始进行高温燃气反应堆和氢气制造设备连接的实证试验。

日本还将开发比小型轻水反应堆更小的微型反应堆。炉芯尺寸为直径 1 m× 长度 2 m 以下，可以用卡车运输。其用途被设计为孤岛和偏僻地区的应急电源。由于微型反应堆是不需要更换燃料，也不使用冷却材料的全固体原子炉，因此可以降低事故的风险（图 10-1）。

能用卡车进行搬运的微型核反应堆，预计在孤岛、偏僻地区及受灾时作电池使用。

图 10-1　三菱重工正在开发的微型反应堆

（来源：三菱重工）

多个国家都在进行新一代核反应堆的研究开发。除了技术，经济效益也很重要。日本经济产业省的发展蓝图是使革新轻水反应堆在保持高密度输出的同时达到与现有轻水反应堆相同水平以上的经济性。国外的小型轻水反应堆通过简化设计，以达到与燃气火力相同的经济性为目标，但在要求高耐震的日本国内，还需要进一步验证其性能。

（齐藤壮司　日经×TECH·日经制造）

钠离子电池
——取之不尽的资源，致力于提高能量密度

技术成熟度　高　2030 年期待值　27.8

随着汽油车向电动汽车（EV）转换，即所谓的"EV shift"在世界范围内全面展开，许多公司预测未来锂离子电池（LIB）即将面临供不应求的状态，因此开始了锂权利的争夺战。与此同时，LIB 以外的蓄电池的开发也在迅速发展。

其中最有力的候补就是钠离子电池（NIB）。因为它可以充电，所以准确地说是钠离子充电电池。海水中含有大量的钠，可以说几乎取之不尽

用之不竭，不必担忧供应和地缘政治风险。

中国宁德时代新能源科技（CATL）和丰田汽车等企业开始将目光转向 NIB。

CATL 在 2021 年 7 月宣布 NIB 的商用化。真正量产要到 2023 年以后。CATL 是世界上最大的 LIB 制造商，它的"去锂"技术令全世界瞩目。CATL 发布的 NIB 诸多特性，都远远超过该公司 LIB 的主要产品磷酸铁锂离子电池 LFP。NIB 重量和能量密度仍然是 160 Wh/kg，但该公司表示"已经实现 200 Wh/kg 的目标"，预计 NIB 与 LFP 约 200 Wh/kg 的性能差距将迅速缩小。

CATL 指出 NIB 的特点是低温耐受性、快速充放电性能、环境适宜性。利用低温耐受性高这一点，可以搭配出兼有 EV 用蓄电池 NIB 和 LIB 的混合结构（图 10-2）。因此，即使在极低温时 LIB 无法工作，NIB 也会工作，电动汽车可以继续行驶。

LIB　　NIB

图 10-2　同时使用到 NIB 与 LIB 的车载电池

（来源：基于 CATL 照片的日经 ×TECH 注释图）

丰田汽车正在开发使用固体电解质的"全固体 NIB"。该公司在 2021 年 12 月发表在学术杂志 *ACS Energy Letters* 上的最新论文中报告了开发成果。从论文中可以看出，丰田汽车重视快速充电性能，使用被称为碳烷类的柔软固体电解质解决了界面电阻的问题，5 分钟左右就能充满电。

与此同时，日本电气玻璃公司于 2021 年 11 月发布的全固体 NIB 是一种正极和负极均使用结晶化玻璃的"全氧化物全固体钠离子二次电池"，采用了基于结晶化玻璃的负极材料，只需输出 3 V 电压便可驱动。日本电气玻璃公司表示，"电池材料全部由无机氧化物构成，使用及制造时无须担心起火及产生有毒物质。"

（野泽哲生　日经 ×TECH·日经电子）

新一代功率半导体
——能够减少功率损失的新一代元件

技术成熟度　中　2030 年期待值　20.1

日本新能源产业技术综合开发机构（NEDO）于 2022 年 2 月宣布，将着手新一代功率半导体和新一代绿色数据中心的研究开发工作。

这项工作的名称是"构建新一代数字基础设施"。预计在 2021—2030 年这 10 年间，投资预算总额达到 1376 亿日元。

各企业参与方将充分利用各自技术，开发新一代功率半导体设备。项目入选 NEDO 公开募集的"绿色创新基金业务 / 构建下一代数字基础设施"的企业，根据自身的研究项目，也在加紧进行采用功率损失小的 SiC（碳化硅）和 GaN（氮化镓）等的新一代功率半导体技术的开发。

电子元器件制造商罗姆将生产 8 英寸晶片的新一代 SiC MOSFET（金属氧化膜半导体场效应晶体管），东芝设备与存储公司和东芝能源系统公司将生产面向新一代高耐压电力转换器的 SiC 模块，电装公司（DENSO）在开发面向电动车的 SiC 器件制造技术，东芝设备与存储公司也在开发面向高功率密度的工业电源 GaN 功率装置。这些技术应用的对象有电动汽车、产业机器、可再生能源部分、野外设备、服务器等电源设备。

其目标是到 2030 年，将使用新一代功率半导体的转换器等的功率损耗降低 50% 以上，并使批量生产时的成本降低到与现有的 Si（硅）功率半导体相同的水平。

在丰田 2021 年发布的燃料电池汽车（FCV）未来所采用的混合动力汽车（HEV）系统中，FC 升压转换器的功率半导体元件采用了 SiC MOSFET 和 SiC 二极管。这是丰田首次在电动车辆升压转换器上使用 SiC 功率半导体（图 10-3）。

兼有巨大的电抗器与水冷功率半导体。

图 10-3　未来的 FC 升压转换器

（来源：日经 ×TECH）

据负责制造的电装公司介绍，该产品与以往配备 Si 功率半导体的产品相比，体积减小约 30%，功率损失减少约 70%，有望促进升压功率模块小型化和提高燃油性价比。

（土屋丈太　日经 ×TECH·日经电子，

中道理　日经 ×TECH·日经电子）

自旋半导体
——利用自旋技术的新一代存储器"MRAM"备受瞩目

技术成熟度　低　2030 年期待值　8.5

自旋电子学是电子所具有的磁性"自旋"和电子学的组合，指同时利用自旋和电荷的技术领域。传统的电子产品主要只使用电子的电荷。

通过自旋记录信息的新一代非易失性存储器 MRAM，因其低耗电量等优点备受关注。

磁阻存储器（Magnetoresistive Random Access Memory，MRAM）有望成为取代 Flash 的混装非易失性存储器。

据热衷于开发 MRAM 的瑞萨电子介绍，由于 MRAM 是利用 BEOL（布线工艺之后的半导体工艺）技术形成，所以即使是微细工艺也容易混装，制造成本也很低。随着微机制造工艺的精密化，填补现在微机和微处理器性能差距的处理器（跨界处理器）将登场，有望在此实现 MRAM 的装载。

瑞萨电子开发出了一种可高速存取的技术——STT-MRAM（自旋注入磁化反转型磁阻存储器），并在 2022 年 6 月召开的半导体国际学会上详细介绍了该技术（图 10-4）。

样品芯片照片

试制芯片的构成

过程	22 nm
电源电压	0.8 V/1.8 V（Core/Vo）
使用存储器	STT-MRAM
内存单元尺寸	0.0456 μm²
容量	32 mb array
抗回溶焊接	有

图 10-4　样品 STT-MRAM 及其介绍

（来源：瑞萨电子工学）

如果使用该技术，就能以与目前微机中混装的非易失性存储器闪存相同的速度读取 MRAM。

MRAM 的缺点是读取速率比闪存小，需要花费时间来确保所需的精度，因此读取时间较长。这样一来，即使通过精密的工艺提高 CPU 内核的运行速度，MRAM 的访问也会拖后腿，作为微机来说处理速度无法提高。因这一致命缺点，装载了 MRAM 的个人电脑在市场上还没有普及。

（小岛郁太郎　日经 ×TECH·日经电子）

钙钛矿太阳能电池
——低成本制造，可弯曲

技术成熟度　低　2030 年期待值　9.2

松下（现在的松下控股）开发了一项新技术，可以将新一代太阳能电池钙钛矿型的物性预测所需的计算时间缩短为原来的 1/500。这是利用计算机从分子等庞大组合中发现新材料的"材料信息学"的成果。

在材料信息公司崭露头角的年轻技术人员中，有一位是松下技术本部材料应用技术中心的主任研究员横山智康。

钙钛矿太阳能电池（将太阳光能直接转化为电能的太阳能电池）作为新一代太阳能电池中最具开发可能性的电池备受关注，其中横山在 2020 年开发出了一项技术，能使得其物理性质预测所需的计算时间缩短到原来的 1/500，即 21 小时以内。

横山从构思到得出成果的时间是 1 年。在他 29 岁时，新一代太阳能电池的材料解析取得了巨大进展。

钙钛矿太阳能电池使用有机无机混合结构的钙钛矿结晶，作为对光反应的感光材料。光转换为电的比率即转换效率约为 25%，与现在主流的硅类太阳能电池相当。

钙钛矿太阳能电池不仅生产成本低，而且由于使用有机材料制造，可以像胶卷一样弯曲，容易安装在大楼侧面等，被称为可再生能源导入的王牌之一。与此相对，硅类太阳能电池是用无机化合物制造的，所以易碎，并且很难折叠。

钙钛矿太阳能电池的高转换效率和灵活性，来自能够吸收无机分子和有机分子各自的优点。不过，将这些分子组合起来虽然有可能形成理想的材料，但组合的数量要比只使用无机材料的太阳能电池庞大得多，而且摸索转换效率高的材料是非常困难的。

"据说有机结晶有 10^{60} 种，无机结晶有 100 亿种以上。要找到最

合适的组合，就像在撒哈拉沙漠中寻找宝石一样"。被称为材料信息学
（Materials Informations）研究第一人的京都大学田中功教授这样解释道。
横山也曾在田中教授手下学习。

基于材料信息学的有机材料和无机材料的开发，使用了从电子状态可
以推测分子等的结构和性质的方法，这被称为第一性原理计算法。如果在
实验前使用第一性原理计算法锁定目标物质，就可以大幅缩短决定开发方
向的时间。然而，有机无机混合材料的计算并不简单，需要花费以年为单
位的时间（图10-5）。因为有机分子具有在室温下容易振动的特征，因此
该计算需要花费很长时间。

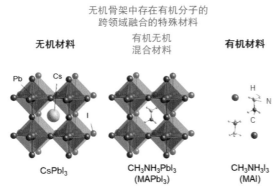

无机骨架中存在有机分子的
跨领域融合的特殊材料

无机材料　　有机无机　　**有机材料**
混合材料

CsPbI₃　　CH₃NH₃PbI₃　　CH₃NH₃I₃
(MAPbI₃)　　(MAI)

图 10-5　在无机结构中加入有机分子，产生出新特性

（来源：索尼）

针对这个问题，横山发明了一种锂离子电池材料，用于计算固体和液
体接触的固液界面。将"DFT/3D-RISM"模型专用于无机有机混合材料。

DFT/3D-RISM 不是直接处理固液界面的分子，而是像寻找"天空中
可能存在的云"一样对空间中的概率分布模型做处理。横山思考着随机处
理这一想法是否也适用于有机无机混合材料，还预计如果对无机分子应用
DFT，对有机分子应用掌握空间分布的 DFT/3D-RISM，则可以大幅减少计
算时间（图10-6）。横山还表示，自己在接触太阳能电池之前就开始研究
锂离子电池，因此在偶然间就有了开发有机无机混合材料的想法。

应用于电池材料固液界面计算的DFT/ 3D–RISM

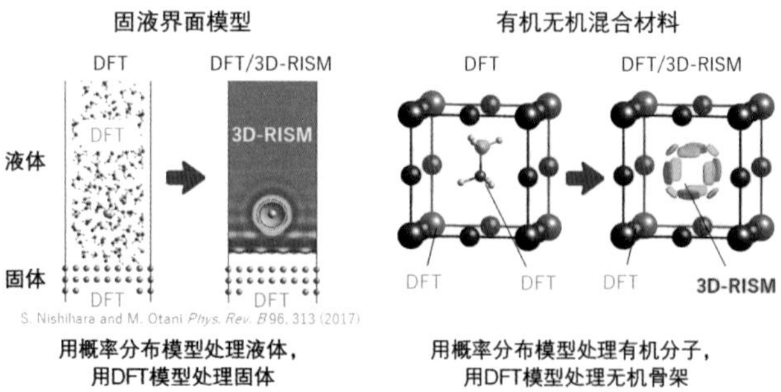

固液界面模型

DFT DFT/3D-RISM

液体

固体

3D-RISM

DFT

DFT

S. Nishihara and M. Otani Phys. Rev. B 96, 313 (2017)

用概率分布模型处理液体，
用DFT模型处理固体

有机无机混合材料

DFT DFT/3D-RISM

DFT DFT DFT 3D-RISM

用概率分布模型处理有机分子，
用DFT模型处理无机骨架

并不从原来的分子分布进行计算，而通过像云一般的概率分布来计算。

图 10-6　为减少材料计算做出的努力

（来源：索尼）

2019 年获得灵感的横山将其应用于钙钛矿太阳能电池的开发，他与东京工业大学的笹川崇男副教授、松下的大内晓先生共同推进了计算实验，在一年后的 2020 年冬天，证明了自己的理论是正确的。同年，钙钛矿太阳能电池获得了日本材料研究学会（MRS）年度大会的奖励奖。

横山今后的目标是通过材料信息技术制造出改变行业规则的设备，为解决能源问题做出贡献。

横山认为："工程师可以用技术来拯救很多人。从本质上设计材料的材料信息学，可能是解决能源枯竭问题的一个方法。"

（久保田龙之介　日经 ×TECH·日经电子）